SAMMLUNG GÖSCHEN BAND 728/728a

GRAPHISCHE DARSTELLUNG IN WISSENSCHAFT UND TECHNIK

von

PROF. DR. MARCELLO PIRANI

Dritte, erweiterte Auflage
bearbeitet von Ing. Johannes Fischer,
Wiss. Mitarbeiter der Deutschen Akademie der Wissenschaften zu Berlin
unter Benutzung der von Dr. Iris Runge besorgten 2. Auflage

Mit 104 Abbildungen

WALTER DE GRUYTER & CO.
vormals G. J. Göschen'sche Verlagshandlung J. Guttentag,
Verlagsbuchhandlung · Georg Reimer · Karl J. Trübner · Veit & Comp.

BERLIN 1957

 — Archiv-Nr. 11 07 28. — Satz u. Druck: Thormann & Goetsch, Berlin-Neukölln. — Printed in Germany.

Inhalt

Anhang

[ ] bedeutet Nr. im Literaturverzeichnis am Ende des Buches.
(Fi 1 . . . 10) bedeutet Firmenangabe auf S. 211.

§ 1. Einleitung

Die graphische Darstellung verfolgt zunächst den Zweck, experimentell oder theoretisch gewonnene Zusammenhänge, die in Form von Beobachtungsergebnissen oder mathematischen Formeln vorliegen, so zusammenzufassen, daß die Gesamtheit der zusammengehörigen Werte der betreffenden Größen sich dem Auge in übersichtlicher Form darbietet. Darüber hinaus schafft sie die Möglichkeit, auf dem Wege zeichnerischer Konstruktion aus den vorhandenen Ergebnissen mannigfache neue abzuleiten. Im Gegensatz zu einer Tabelle kann sie freilich immer nur mit einer durch die Größe der Zeichnung begrenzten prozentualen Genauigkeit arbeiten, hat aber vor der Tabelle den Vorteil, daß die Ablesung kontinuierlich ist und daher die Möglichkeit gewährt, Werte zwischen den beobachteten oder berechneten Werten abzulesen (Interpolation). Die Anwendbarkeit der graphischen Darstellung ist, wie wohl kaum besonders hervorgehoben zu werden braucht, ebenso universell, wenn nicht universeller als die der tabellarischen Darstellungsweise. Sie ist nicht nur auf den Rahmen der Technik und der exakten Wissenschaften beschränkt, sondern hat in Gebieten, die den genannten vollkommen fernstehen, z. B. in kaufmännischen Betrieben, Eingang gefunden. Das vorliegende Bändchen soll eine Zusammenfassung der für die graphische Darstellung gültigen Regeln und Gesetze und eine Beschreibung der einfachsten Methoden zur Herstellung graphischer Rechentafeln an Hand von praktischen Beispielen geben.

Erstes Kapitel

Darstellung der Abhängigkeit zweier Größen mit unbekanntem theoretischem Zusammenhang

§ 2. Darstellung durch Kurven

Rechtwinklige und Polar-Koordinaten. Zur Versinnbildlichung eines von einer veränderlichen Größe abhängigen Vorgangs, z. B. der Abhängigkeit der Lufttemperatur von der Tageszeit, bedient man sich der graphischen Darstellung in einer Form, die sich der Anschauung von selbst aufdrängt. Man trägt nämlich die Zeit fortschreitend auf einer waagerechten Linie auf, während man die „Höhe" der Temperatur als Höhe in den betreffenden Zeitpunkten errichtet. So können wir z. B. die Temperatur-Zeittabelle 1, in welcher der Zusammenhang

Tabelle 1

Datum	Tages- bzw. Nachtzeit	Temperaturen in °C
17. I.	12	+ 1
	14	+ 3,5
	16	+ 1,5
	18	0
	20	— 1
	22	— 2
18. I.	0	— 4
	2	— 6
	4	— 7,5
	6	— 8
	8	— 6
	10	— 5
	12	— 4

zwischen den Tageszeiten bzw. Nachtzeiten und -temperaturen an zwei Wintertagen zusammengestellt ist, durch die Abb. 1 versinnbildlichen. In dieser Abbildung sind die Enden der die Temperatur anzeigenden Linien mit Kreisen bezeichnet und durch einen Linienzug verbunden. Die entstandene Temperatur-Zeitkurve leistet insofern mehr als die Tabelle 1, als sie nicht nur die in der Tabelle aufgeführten Zeit-Temperatur-Werte übersichtlich darstellt, sondern auch gestattet, Zwischenwerte abzulesen, die in der Tabelle nicht enthalten sind: z. B. lesen wir ab, daß um 1 Uhr morgens am 18. 1. die Temperatur —5° betrug. Der bequemeren Ablesbarkeit halber bringt man die Maßeinteilung nicht nur an der senkrechten und waagerechten Bezugslinie, der Temperatur- bzw. Zeit„achse" an, sondern zieht die Teilung netzartig durch, oder benutzt, was bequemer ist, vorgedrucktes Millimeterpapier. Damit ist nicht gesagt, daß man die Netzlinien auch zeichnen muß, es ist in vielen Fällen sogar vorteilhafter, nur die Schnittpunkte dieser Linien zu zeichnen. Man gelangt dadurch zum sogen. „Punktnetz". Letzteres weist gegenüber dem bisherigen Liniennetz viele Vorzüge auf, von denen die wichtigsten nachfolgend genannt seien:

1. keine Beirrung durch Linien,
2. Interpolation genauer als bei Linien,
3. sauberer Druck schwarz auf weiß, da keine Druckfarbe in den Ecken,
4. billiger zu drucken,
5. die eingezeichneten Linienzüge, auch solche mit „schleifenden" Schnitten, treten besser hervor (kleine statistische Fehler fallen bei der Herstellung nicht auf),
6. leichte Herstellung der Druckvorlage,
7. ein falsch eingezeichneter Linienzug läßt sich leicht entfernen, da das Netzgefüge nicht zerstört wird (kein Nachziehen von Netzlinien).

In Abb. 1 a) und b) stellen wir Netz- und Punktdarstellung gegenüber; einige der nachfolgenden Abb. sind ebenfalls als Punktnetz gezeichnet. Von den beiden Größen, die die Lage eines Punktes bestimmen, den „Koordinaten", nennt man das waagerechte Bestimmungsstück, also in dem obenerwähnten Beispiel die Tageszeit (1 Uhr morgens), „Abszisse", das senkrechte, im obigen Beispiel die Temperatur (—5° C), die „Ordinate", und zwar pflegt man, wie auch in Abb. 1 geschehen, die Höhe oberhalb der waagerechten Bezugslinie, der sogenannten „Abszissenachse", positiv, unterhalb negativ zu rechnen. Die Tatsache, daß eine Größe von der anderen abhängig ist, drückt man in der Sprache der Mathematik aus, indem man sagt, sie sei eine Funktion der anderen, symbolisch geschrieben: $y = f(x)$, wobei mit y die Ordinate, mit x die Abszisse bezeichnet zu werden pflegt.

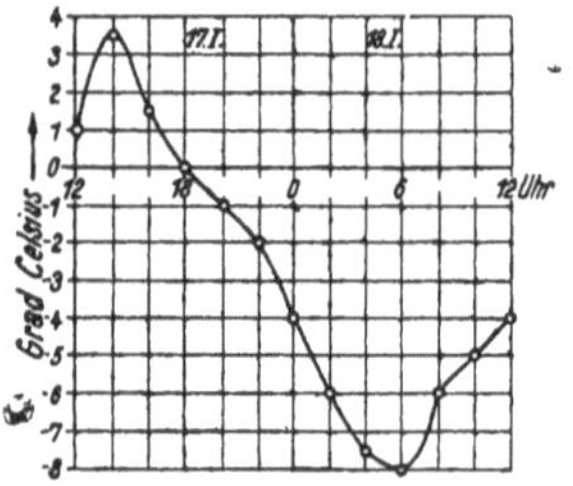

Abb. 1 a. Darstellung der Temperatur-Zeittabelle 1 in Liniendarstellung

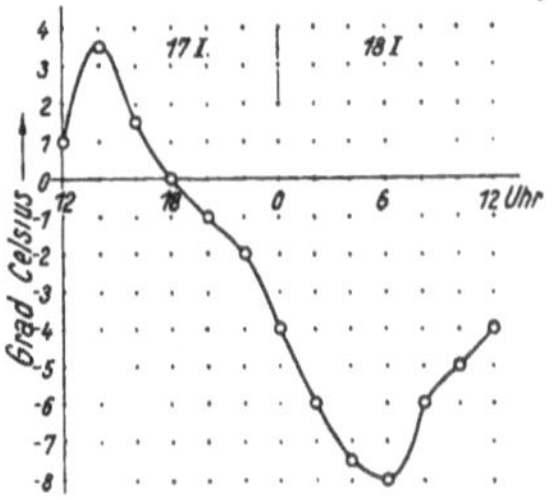

Abb. 1 b. Darstellung der Temperatur-Zeittabelle 1 in Punktdarstellung

Kurven der beschriebenen Art können auch auf mechanischem Wege hergestellt werden, wenn das Meßinstrument, das die darzustellende Größe mißt, mit einem Schreibstift ausgerüstet ist, der sich beim Zu- und Abnehmen der betreffenden Größe, in diesem Falle also der Temperatur, auf und ab bewegt. Sorgt man nun dafür, daß ein Papierstreifen in gleichmäßiger Bewegung an dem Schreibstift vorbeigeführt wird, indem er z. B. durch ein Uhrwerk auf eine Rolle aufgewickelt wird, so beschreibt der Stift auf dem Papier eine Kurve, die den Verlauf der gemessenen Größe anzeigt. Solche selbstregistrierenden Apparate werden z. B. zur Aufzeichnung des Luftdruckes, der Luftfeuchtigkeit, der Temperatur, der Spannungsschwankungen in einem elektrischen Leitungsnetz angewendet.

Ein weiteres Beispiel für selbsttätige Aufzeichnung einer veränderlichen Größe bietet das Indikatordiagramm einer Kolbendampfmaschine, das über den Druckverlauf im Zylinder während der Bewegung des Kolbens Auskunft gibt. Auch hier haben wir einen Stift, der sich, wenn der Druck im Zylinder zu- und wieder abnimmt, hin und her bewegt, während ein Papierstreifen der Kolbenbewegung entsprechend an ihm vorbeigezogen wird. Da nun der Kolben hin und her geht, läuft auch die Kurve im Diagramm hin und zurück, und zwar, da der Druck in beiden Phasen der Bewegung verschieden ist, auf zwei verschiedenen Wegen. Das Diagramm bildet demnach eine geschlossene Kurve, denn nach einer vollständigen Hin- und Herbewegung wird der Ausgangspunkt wieder erreicht. Abb. 2 gibt ein Beispiel eines solchen Diagrammes für eine Expansionsmaschine mit Auspuff des Dampfes in die freie Luft. Man erkennt, daß nach etwa ⅓ Kolbenhub die Druckabnahme (Expansion des Dampfes) beginnt, und daß der Druck bei der Rückbewegung des Kolbens, bis die Kompression beginnt, gleich dem Atmosphärendruck ist.

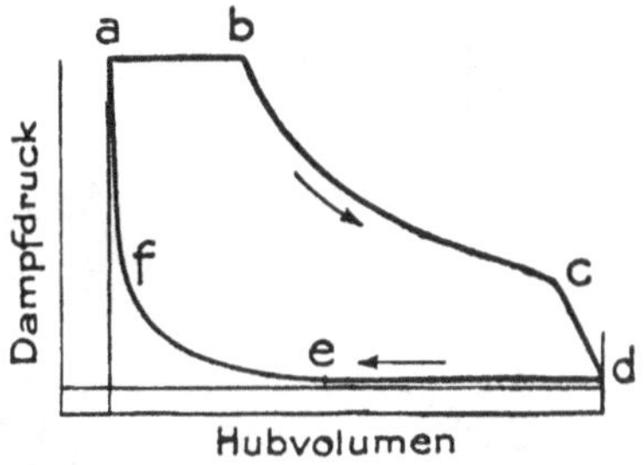

Abb. 2. Druckdiagramm einer Dampfmaschine (Nach: BERLINER-SCHEEL, Physikal. Handwörterbuch, Berlin 1924). a Eintritt des Dampfes; b Beginn der Expansion; c Auspuff; d Umkehrpunkt des Kolbens; e Beginn der Kompression

Auch Bewegungsvorgänge lassen sich durch das gleiche Darstellungsprinzip veranschaulichen. Man wählt dazu wieder die Zeit als Abszisse und die zurückgelegte Wegstrecke als Ordinate. Eine wichtige Anwendung hiervon sind z. B. die graphischen Fahrpläne, die die Eisenbahnverwaltung benutzt, um eine bequeme Übersicht über die Inanspruchnahme der Strecken zu haben.

Eine von der beschriebenen prinzipiell verschiedene Art der graphischen Veranschaulichung ist die Darstellung in Polarkoordinaten, die im folgenden an einem Beispiel auseinandergesetzt werden soll. Betrachten wir die Lichtausstrahlung einer Automobillaterne in verschiedenen Richtungen, so können wir die Stärken des Lichtreizes, der auf unser Auge ausgeübt wird, wenn wir um die Laterne herumgehen und dabei immer in der gleichen Entfernung von ihr bleiben, als Längen auftragen und diese Längen den Winkeln zuordnen, unter welchen wir die Lampe betrachtet haben. 0° nennen wir den Winkel, den die Sehrichtung mit der Anfangslinie bildet, wenn wir vor der Laterne stehen, das Gesicht nach ihr zugewandt, + oder — 90°, wenn wir in einer zur Achse der Laterne senkrechten Richtung auf sie blicken: die Gesamtheit der Längen, „Leitstrahlen", in Abhängigkeit vom „Polarwinkel" aufgetragen, ergibt das graphische Bild 3 der Lichtausstrahlungskurve der Lampe in Polarkoordinaten.

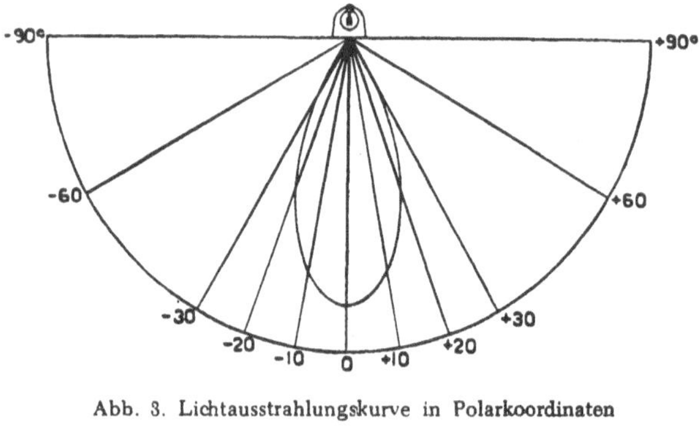

Abb. 3. Lichtausstrahlungskurve in Polarkoordinaten

§ 3. Herstellung stetig gekrümmter Kurven aus den vorhandenen Beobachtungswerten

Liegt, wie in dem ersten Beispiel S. 6, eine Beobachtungsreihe vor, welche als Grundlage für unsere graphische Darstellung dienen soll, so sind zunächst nur diskrete Punkte gegeben, und es ist ohne weitere Voraussetzung nicht möglich, über den Zwischenraum zwischen diesen Punkten irgend etwas auszusagen. Man wird sich z. B. fragen müssen, mit welcher Berechtigung man behaupten konnte, daß in unserm Beispiel die Temperatur um 1 Uhr vormittags zu — 5° angenommen werden konnte, da wir sie doch gar nicht beobachtet haben, mit andern Worten: wir müssen uns fragen, was uns in Abb. 1 das Recht gab, die beobachteten Punkte einfach durch einen Linienzug zu verbinden. Die Voraussetzung, die uns zu dieser Maßnahme geführt hat, ist die Voraussetzung der Stetigkeit des Vorgangs, welchen wir beobachtet haben. Der gleichmäßige Abfall der Temperatur zwischen 0 und 4 Uhr am 18. Januar (Abb. 1) berechtigt uns zu der Annahme, daß die nicht beobachteten Zwischenwerte sich zwischen die beobachteten in gleichmäßiger Folge einreihen, daß also eine Interpolation erlaubt ist. Diese Annahme hat natürlich etwas Willkürliches, und wir werden uns weiter unten mit den Fehlern zu beschäftigen haben, die entstehen können, wenn wir diese Willkürlichkeit zu weit treiben. Nehmen wir die Stetigkeit des Vorgangs als gesicherte Tatsache an, so ergibt sich die weitere Frage, in welcher Weise wir die einzelnen Beobachtungspunkte zu verbinden haben. Die nächstliegende Art und Weise wäre die geradlinige Verbindung. Dann bildet aber der Linienzug gerade an den beobachteten Punkten Ecken, ändert also plötzlich seine Richtung. Wir werden vielmehr versuchen müssen, die Punkte durch einen solchen Linienzug zu verbinden, der die Beobachtungspunkte und ihre Zwischenräume ohne Unstetigkeiten der Richtung durchläuft. Das bequemste Mittel, um solche Kurvenzüge herzustellen, besonders wenn sie einen flachen Verlauf zeigen, bieten die verbiegbaren Kurvenlineale (Gebr. Wichmann, Berlin), (Bleikern mit Kunststoff-Umhüllung), die nach dem Verbiegen ihre Form beibehalten, und die von den Schiffbauern benutzten elastischen Schwunglatten aus dünnem Zedernholz, mit einem Querschnitt von $3 \cdot 5$ bis $5 \cdot 5\ mm^2$. Diese Lineale werden in ihrer Form der beobachteten Punktreihe angepaßt, die Schwunglatten durch Festlegen mit Gewichten oder durch Festhalten mit der Hand. Der durch die Verbiegung des Lineals entstandene Kurvenzug wird dann mit dem Bleistift nachgezogen. Stärkere Krümmungen werden unter Verwendung fester Lineale, wie man sie für die verschiedensten Krümmungen in jedem Zeichengeschäft erhält, ausgezogen. Besonders schwierige Kurvenstücke können von der Hand unter Wahrung eines möglichst gleichmäßigen Verlaufs gezeichnet werden. Kleinere Abweichungen von der Stetigkeit des auf diese Art gewonnenen Linienzuges, wie sie z. B. beim Ansetzen eines Lineals oder dergl. zuweilen entstehen, werden leicht bemerkt, indem man mit dem Auge in der Richtung des Linienzuges visiert.

§ 4. Anschaulichkeit der Darstellung

Gelingt es nun zwar, durch Verwendung der angegebenen Hilfsmittel, nachdem die Beobachtungen einmal aufgetragen sind, stetig gekrümmte Linienzüge zu zeichnen, welche eine Anzahl von Beobachtungen in sich vereinigen, so ist hier durchaus noch nicht allen Anforderungen, die man an eine gute graphische Darstellung stellen muß, Genüge geleistet; die Hauptsache bleibt vielmehr die zweckmäßige Auftragung der Beobachtungswerte. In erster Linie muß der Anschaulichkeit durch richtige Wahl der Maßeinteilung Rechnung getragen werden. Ein Beispiel soll dies erörtern: Eine Luftpumpe entlüftete in 60 Minuten ein Gefäß von Atmosphärendruck (760 mm

Quecksilbersäule) bis zum Druck von 100 mm Quecksilbersäule. Die Ablesegenauigkeit des Manometers, mit welchem die Messung gemacht wurde, betrug 10 mm, die Genauigkeit der Zeitbeobachtung belief sich auf eine Minute. Abb. 4 gibt die aus Beobachtungen konstruierte Druck-Zeitkurve wieder. Die Zeit 0—60 Minuten ist in 6 je 0,5 cm langen Hauptteilen zu je 10 Minuten als Abszisse aufgetragen, und der Druck 0 bis 800 mm in 8 je 0,5 cm langen Hauptteilen zu je 100 mm als Ordinate. In Wirklichkeit werden diese Hauptteile noch einmal in je 5 Teile unterteilt sein. Diese Teilung ist in der Abb. 4 der Deutlichkeit der Reproduktion halber weggelassen. Andererseits sei nun die Aufgabe gestellt, die in 10 Stunden beobachteten Schwankungen des Barometerdruckes darzustellen. Der Druck schwankt zwischen 760 und 740 mm und sei mit 1 mm Genauigkeit abgelesen. Würde nun für diese Darstellung die gleiche Maßeinteilung der Ordinaten gewählt werden wie in Abb. 4, d. h. sind für den Druck 0—760 mm 8 Hauptteile je 0,5 cm vorgesehen, während für je zwei Stunden eine Hauptteilung von 0,5 cm angenommen wird, so überzeugt man sich leicht, daß das dadurch entstehende Druck-Zeitdiagramm Schwankungen von 5 bis 10 mm nicht mehr erkennen läßt, also den Beobachtungen nicht gerecht wird. Es ist dagegen möglich, das Bild auf einem kleineren Platz mit größerer Anschaulichkeit bei einer Ablesegenauigkeit von 1 mm aufzutragen, wenn man die Darstellungsweise der Abb. 5 wählt.

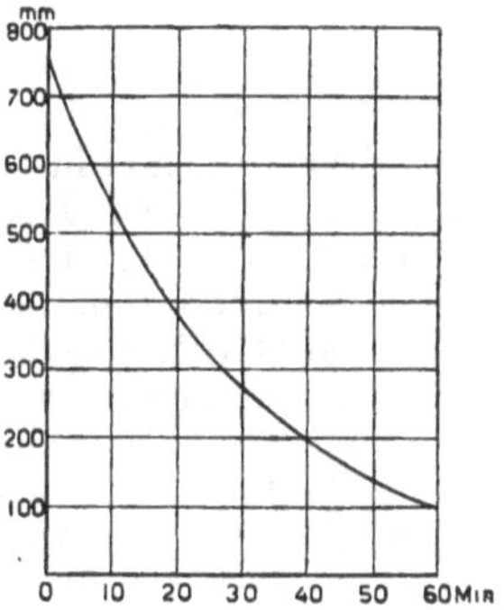

Abb. 4. Druckabnahme beim Auspumpen eines Gefäßes

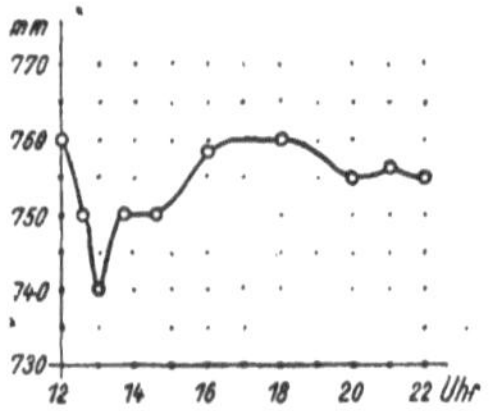

Abb. 5. Luftdruckschwankungen

Hier wurde die Ordinaten-Teilung nicht für die ganze Druckdifferenz von 0—800 mm vorgesehen, sondern, da nur der Teil 740—760 mm in Betracht kommt, nur der Bereich 730—770 mm, d. h. der Nullpunkt wurde auf der Ordinatenteilung unterdrückt und dafür trotz kleineren Raumbedarfs die Ablesegenauigkeit verzehnfacht, indem als Hauptteile der Ordinatenteilung eine cm-Teilung gewählt wurde, bei der jeder Hauptteil 10 mm Barometerdruck versinnbildlicht.

Allerdings muß man sich darüber klar sein, welchem Zwecke die Darstellung dienen soll. Handelt es sich vielleicht gerade darum zu zeigen, daß die Druckschwankungen im Verhältnis zum Gesamtwert klein sind, so würde diese Tatsache am besten durch einen Maßstab wie bei Abb. 4 veranschaulicht werden.

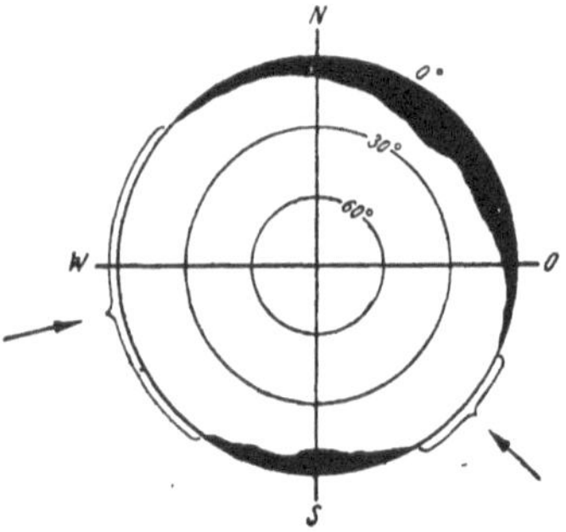

Abb. 6. Himmelsbegrenzung eines von Höhenzügen umgebenen Ortes

Abb. 6 zeigt die Himmelsbegrenzung eines von Höhenzügen umgebenen Ortes, die Pfeile deuten die Richtung an, in der sich keine Berge befinden (natürlicher Horizont) nach Lauscher [G 10].

Beim Anlegen einer Zeichnung ist es zweckmäßig, sich von vornherein zu überlegen, welchen Bereich der Variablen man darstellen will und welche Zeichnungsgröße dafür zur Verfügung steht. Aus diesen beiden Größen ergibt sich eine obere Grenze für die Einheitsgröße oder den Modul (Zeicheneinheit), der der Teilung zugrunde zu legen ist. Soll z. B. der Bereich von 4—16 auf einer Länge von 25 cm dargestellt werden, so darf die Einheit höchstens $\frac{25 \text{ cm}}{16-4} = 2{,}08$ cm lang sein. Aus Gründen der Bequemlichkeit wird man sie gleich 2 cm wählen.

Ebenso fehlerhaft wie eine zu kleine Zeicheneinheit ist aber auch eine zu große, d. h. eine solche, die über die Genauigkeit der vorgelegten Zahlen hinausgeht. Die im vorigen Beispiel dargestellten Barometerablesungen waren, wie erwähnt, auf 1 mm genau. Es würde daher keinen Zweck haben, die in Abb. 5 gegebene Kurve in einer noch größeren Zeicheneinheit, etwa mit 1 cm für jeden Millimeter darzustellen. Denn die Ablesegenauigkeit auf dem Zeichenblatt beträgt etwa 0,1—0,2 mm, d. h. wenn der kleinste Strichabstand 1—2 mm beträgt, so lassen sich die Zehntel dieses Abstandes noch schätzen. Bei einer Zeicheneinheit von 1 cm für den Millimeter Quecksilber könnte man also auf 1/100 mm genau ablesen, während die Beobachtungen nur auf 1 mm gesichert sind. Durch eine solche Zeichnung würde man also eine Genauigkeit vortäuschen, die nicht vorhanden ist. Es ist vielmehr zweckmäßig, die Zeicheneinheit so zu wählen, daß die Beobachtungsgenauigkeit der darzustellenden Größen ungefähr der Genauigkeit ihrer Ablesbarkeit auf dem Zeichenblatt gleich ist.

§ 5. Interpolation

Die Möglichkeit der Interpolation zwischen den Beobachtungswerten und der Extrapolation über die beobachteten Werte hinaus auf graphischem Wege ist zweifellos infolge der dadurch bedingten großen Zeitersparnis gegenüber dem rechnerischen Verfahren eine starke Seite der graphischen Darstellung. Zugleich ist aber eine gewisse Gefahr darin eingeschlossen; denn leicht läßt man sich durch das Stetigkeitsgefühl verleiten, graphische Korrekturen vorzunehmen, die der sachlichen Grundlage entbehren. Die folgenden Beispiele beschäftigen sich mit den angedeuteten Fragen. Es sei der Zusammenhang zwischen dem elektrischen Strom (in Ampere) und der Spannung (in Volt) eines Ohmschen Widerstandes mit positivem Temperaturkoeffizienten, d. h. eines solchen Widerstandes, dessen Größe mit steigender Temperatur des Widerstandsmaterials zunimmt, durch Beobachtungen mit einem Amperemeter und einem Voltmeter aufgenommen, und es habe sich die folgende Tabelle ergeben:

Tabelle 2

Volt	Ampere
5,0	0,51
5,3	0,52
5,6	0,531
5,85	0,539
6,02	0,548
6,2	0,553
6,4	0,565
6,75	0,579
7,0	0,591
7,2	0,60

In Abb. 7 sind die Beobachtungen in einem derartigen Maßstab eingetragen, daß die Darstellungsgenauigkeit der Beobachtungsgenauigkeit entspricht. Es ist ferner eine Strom-Spannungskurve zwischen den Beobachtungspunkten hindurchgezogen, welche die Punkte teilweise auf sich vereinigt, teilweise sie aber rechts oder links von sich liegen läßt. Es muß untersucht werden, welche Berechtigung ein derartiges Verfahren hat und warum wir nicht, wie bei der barometrischen Druck-Zeitkurve (Abb. 5), einfach sämtliche Beobachtungswerte durch einen Linienzug vereinigt haben. Nehmen wir an, daß keine Gründe chemischer oder physikalischer Art gegen die Möglichkeit einer stetigen Krümmung der Strom-Spannungskurve des erwärmten Widerstandes sprechen, so haben wir uns mit der Frage zu beschäftigen, ob die aus der ausgezogenen Kurve abgelesenen Strom-Spannungswerte die gleiche Wahrscheinlichkeit bieten wie die tatsächlich beobachteten, d. h. ob Fehler denkbar sind, deren Größe den Unterschied zwischen den beobachteten und den Kurvenwerten erklärlich machen kann. Die Beobachtungen waren im vorliegenden Fall auf 0,2% genau. Diese Genauigkeit dürfen wir aber nicht ohne weiteres als Fehlergrenze zugrunde legen, weil in die Form der Strom - Spannungskurve nicht nur die Ablesegenauigkeit, sondern auch der mögliche individuelle Fehler der Instrumente eingeht, der auch bei absolut genauer Ablesung noch vorhanden ist. Dieser Fehler muß natürlich bekannt sein. Er betrug ca. ¾%. Betrachten wir unter dieser Voraussetzung die vorhandenen Abweichungen an zwei Stellen, so sehen wir, daß z. B. beim Punkt 0,548/6,02 die sich aus der Kurve ergebende Ablesung 0,548/6,06 genau so berechtigt ist wie der Beobachtungswert, weil die Abweichung unter 0,75% liegt. Ebenso ist es auch möglich, bei 6,4 Volt 0,563 aus der Kurve statt 0,565 aus der Beobachtung als richtig anzunehmen, selbst wenn man voraussetzt, daß die Beobachtung eine unendlich große Genauigkeit gehabt hätte. In welcher Weise man die Kurve nun am besten legt, läßt sich nicht allgemein sagen; es wird auch, wenn man auf die oben angegebenen Punkte achtet, im allgemeinen nicht nötig sein, darüber Überlegungen anzustellen. Vgl. hierzu weiter unten § 17.

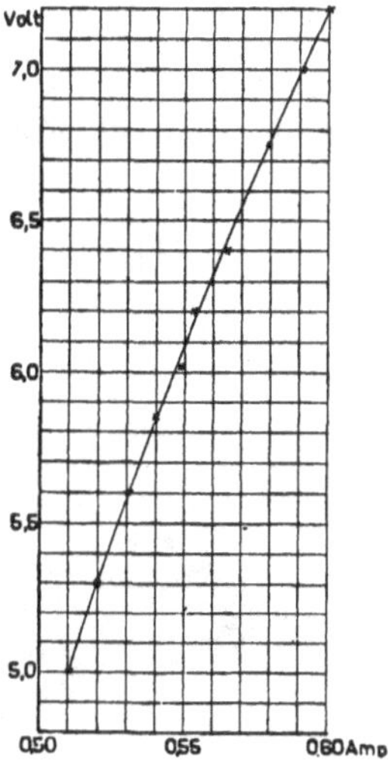

Abb. 7. Interpolation durch eine glatte Kurve

Ganz besonders sorgfältiger Überlegung bedarf die Interpolation aber in solchen Fällen, wo wir es mit Kurven zu tun haben, die Maxima oder Minima in ihrem Verlaufe aufweisen. Durch fehlerhafte graphische Interpolation kann in diesem Fall eine Verwischung oder auch eine übermäßige Hervorhebung der extremen Stellen eintreten. Beide Fehler sind aber nicht der graphischen Darstellung an sich zur Last zu legen, sondern dem Umstande, daß eine nicht genügende Zahl von Beobachtungen vorliegt, die es nicht gestattet, die auftretenden Maxima oder Minima zu erkennen. So kann z. B. in der Abb. 8 aus den acht vorhandenen Beobachtungspunkten, die durch Vollkreise gekennzeichnet sind, nicht geschlossen werden, ob die Kurve den Verlauf der Linie *a* oder *b* haben wird*). Die graphische Interpolation zwischen diesen Punkten sollte also unterbleiben, oder es muß mindestens angedeutet werden, daß sie unsicher ist. Sie hat dann einen mehr qualitativen Charakter.

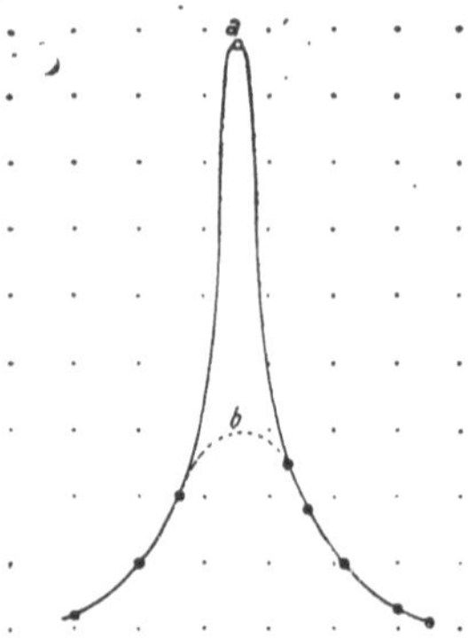

Abb. 8. Kurve mit unsicherem Maximum (Netz in Punktdarstellung)

§ 6. Extrapolation

In vielen Fällen hat man ein bestimmtes Stück einer Kurve durch Beobachtungen festgelegt und fragt nun nach dem Verlauf der Kurve außerhalb des Beobachtungsbereiches. Es ist klar, daß man bei dieser Operation, der Extrapolation, noch viel vorsichtiger zu Werke gehen muß als beim Interpolieren. Dies gilt sowohl von der graphischen als von der rechnerischen Extrapolation auf Grund einer empirischen Formel. Niemals wird man sich hier auch nur für kurze Strecken von dem „Kontinuitätsgefühl" leiten lassen dürfen, sondern für die Extrapolation einer Kurve müssen stets entweder theoretisch hinreichende

*) Die Figur stellt den Zusammenhang zwischen der Schwingungsamplitude eines in Resonanz befindlichen gedämpften Systems und der Schwingungszahl (Abszisse) dar.

Erwägungen maßgebend sein, oder es muß der Zusammenhang der betreffenden Größen, die man darstellen will, bezüglich seiner mathematischen Formulierung auch außerhalb des Beobachtungsgebietes festliegen. Man wird daher eine Extrapolation nur in den Fällen vornehmen dürfen, in denen die Kurve (ihrer Gleichung oder ihrem Verlaufe nach) bekannt ist. Dies ist ohne Zuhilfenahme von Rechnungen auf rein graphischem Wege mit den üblichen Zeichenhilfsmitteln nur bei der geraden Linie und beim Kreise möglich. Von diesen beiden wieder spielt nur die gerade Linie in der Praxis eine Rolle. Die Möglichkeit, den Zusammenhang zwischen zwei Größen durch eine gerade Linie in einem rechtwinkligen Koordinatensystem darzustellen, ist aber gleichbedeutend mit der Behauptung, daß zwischen den beiden Größen x und y ein mathematischer Zusammenhang von der Form $y = a + bx$ besteht, wo a und b Konstanten sind, die die Lage der Geraden bestimmen. Man darf nach dem Gesagten auch Vorgänge, welche in dem beobachteten Gebiet einen geradlinigen Charakter aufweisen bzw. aufgewiesen haben, nur dann geradlinig extrapolieren, wenn man sicher ist, daß die geradlinige Form nicht nur durch zufällige Beobachtungsungenauigkeit bedingt war, sondern daß das die beiden Variablen verknüpfende Gesetz tatsächlich innerhalb und außerhalb des Beobachtungsgebiets einen linearen Charakter hat. Durch die Beobachtung wird in diesem Falle lediglich die Lage der Geraden festgelegt, d. h. die Konstanten a und b bestimmt.

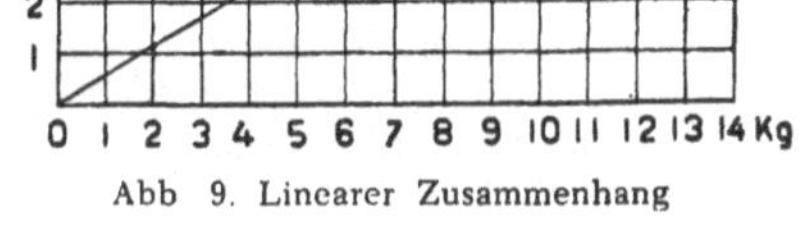

Abb 9. Linearer Zusammenhang

Das folgende Beispiel zeigt einen solchen Fall. Die Tabelle Nr. 3 gibt den beobachteten Zusammenhang zwischen der Zusammendrückung einer Feder und ihrer Belastung wieder[1]). In Abb. 9 sind die Beobachtungen mit Kreuzen eingezeichnet und eine gerade Linie hindurchgelegt. Da aus der Theorie bekannt ist, daß bei nicht zu hohen Belastungen die Zusammendrückung der Belastung

Tabelle 3

Belastung in kg	Ablesung in cm	Zusammendrückung in mm
0	30,4	0
2	31,6	1,2
4	32,75	2,25
6	33,7	3,3
8	34,7	4,3
10	36,1	5,7
12	37,2	6,8

proportional ist, daß wir also hier wirklich einen linearen Zusammenhang vor uns haben, so können wir auch in einiger Entfernung von den beobachteten Werten die gerade Linie noch verwenden und z. B. unter Verwendung eines Lineals ablesen, daß einer Zusammendrückung von 7,4 mm eine Belastung von 13 kg entsprechen würde.

Weiter unten werden wir sehen[2]), daß die Verwendung der geraden Linie in der graphischen Darstellung sich nicht auf Vorgänge zu beschränken braucht, bei denen die Variablen x und y direkt in dem Zusammenhang $y = a + bx$ stehen, sondern daß es auch schon genügt, wenn Funktionen von x und y in linearen Zusammenhang miteinander gebracht werden können.

§ 7. Prüfung einer Kurve auf Gleichmäßigkeit ihrer Krümmung. Die Differentialkurve

Hat man eine Anzahl von beobachteten Punkten durch einen Linienzug verbunden und weiß man, daß die dar-

[1]) Die Feder bestand aus 6 mm dickem Stahl von quadratischem Querschnitt, hatte 55 mm Durchmesser und besaß 12 Gänge.

[2]) Auch das erwähnte Beispiel gehört eigentlich schon in das nächste Kapitel, in welchem die Darstellung von Funktionen bei bekanntem theoretischem Zusammenhang besprochen wird.

gestellte Größe ein einheitliches Abhängigkeitsgesetz befolgen muß, so kann man an dem Verlauf der Kurve selbst schon erkennen, ob man einigermaßen richtig interpoliert hat. Wenn nämlich die dargestellte Funktion einen gesetzmäßigen Verlauf hat — bei den in Abb. 5 dargestellten Barometerschwankungen ist das zum Beispiel nicht der Fall, wohl aber bei der Druckänderung während des Auspumpens, Abb. 4 —, so wird sie nicht nur keine scharfen Ecken enthalten, sondern es wird auch sonst ihre Neigung in der Regel nur gleichmäßig anwachsen oder abnehmen. Grobe Unrichtigkeiten der Zeichnung, wie zum Beispiel Ecken oder ein Hin- und Herschwanken der Neigung, kann man, wie schon oben erwähnt, durch Visieren mit dem Auge in der Richtung des Linienzuges erkennen und verbessern. Eine exaktere Prüfung stellt das im folgenden beschriebene Verfahren dar, das besonders dann zu empfehlen ist, wenn man an der Kurve Differenzwerte zwischen benachbarten Punkten ablesen will.

Das Verfahren besteht darin, die Neigung der Kurve an verschiedenen Punkten direkt zu bestimmen und als neue Kurve aufzutragen. Die Neigung der Kurve wird definiert durch den Winkel, den die Tangente an die Kurve in dem betreffenden Punkte mit der x-Achse bildet. In Abb. 10 ist z. B. die Richtung des ausgezogenen Kurvenstückes im Punkte P festgelegt durch den Winkel $\alpha = CAB$, den die

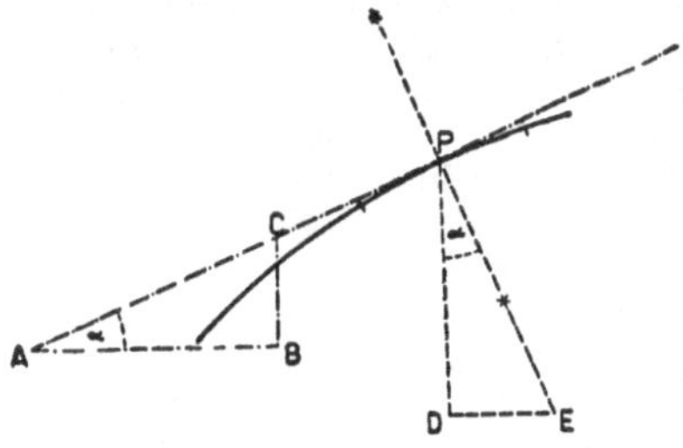

Abb. 10. Ermittlung der Neigung einer Kurve

Tangente in P mit der Abszissenachse (oder in diesem Falle mit einer zu ihr parallelen Linie) bildet. Der Winkel wieder läßt sich zweckmäßig ausdrücken durch die trigonometrische Funktion Tangens, hier also das Verhältnis $\frac{CB}{BA}$. (Wie man ja auch z. B. die Steigung einer Straße oder einer Eisenbahnstrecke anzugeben pflegt etwa als 1 : 200, d. h. 1 m Erhebung auf 200 m horizontalen Abstand.) An einer anderen Stelle der Kurve würden wir erhalten $\operatorname{tg} \alpha_1 = \frac{C_1 B_1}{B_1 A_1}$; wieder an einer anderen Stelle $\operatorname{tg} \alpha_2 = \frac{C_2 B_2}{B_2 A_2}$ usw. Machen wir nun (und das ist ohne weiteres möglich) $AB = A_1 B_1 = A_2 B_2$ usw., so brauchen wir nur die Größen BC, $B_1 C_1$, $B_2 C_2$ in irgendeiner Einheit über den zu den Punkten P, P_1, P_2 usw. gehörigen Abszissenwerten aufzutragen und erhalten dann eine neue Kurve, die uns die Veränderung der Neigung der ursprünglichen Kurve, die wir untersucht haben, versinnbildlicht. Diese neue Kurve heißt die „Differentialkurve".

Die Voraussetzung für die Ausführbarkeit dieses Verfahrens ist die genaue Zeichnung der Tangente an die Kurve. Eben hierin aber liegt eine gewisse Schwierigkeit. Vielfach kann man die Ungenauigkeit dadurch vermindern, daß man nicht erst den Punkt wählt und in ihm die Tangenten zeichnet, sondern umgekehrt eine Richtung auswählt und dann den Punkt aufsucht, in dem die Tangente diese vorgegebene Richtung annimmt. Zu dem Zweck zeichnet man eine Anzahl Sehnen, die der gewählten Richtung parallel sind, und verbindet die Mittelpunkte dieser Sehnen; so erhält man eine Kurve, die auf die ursprüngliche Kurve zuläuft. Ergänzt man sie bis zum Schnittpunkt, so ist dies der gesuchte Berührungspunkt der zu den Sehnen parallelen Tangente. Dies Verfahren versagt an Stellen, wo die Kurve sehr flach verläuft. Hier kann man sich wiederum in einfacher Weise dadurch helfen, daß man nicht die Tangente in P, sondern die Senkrechte auf ihr, die Normale in P, zeichnet. Diese läßt sich nämlich gerade bei flach verlaufenden Linienzügen sehr genau konstruieren. Man schlägt, wie dies in Abb. 10 in Punkt P geschehen ist, in geeigneten Entfernungen von P Kreisbögen und errichtet in der bekannten Weise die Normale, indem man das betreffende Kurvenstück in einem kleinen Bereiche als einen Kreis von großem Radius ansieht [H 10, W 14, W 15].

Ein sehr bequemes Hilfsmittel zum Konstruieren von Normalen ist auch das von Reusch angegebene Spiegellineal[1]) [H 3, M 9]. Es trägt eine kleine, senkrecht zur Zeichenebene stehende spiegelnde Fläche. Man legt es im Punkte P quer über die Kurve und dreht es so, daß das sichtbare Kurvenstück sich beim Visieren längs der Kurve ohne Knick in sein Spiegelbild fortsetzt. Ist dies der Fall, so bildet die auf dem Papier aufliegende Spiegelkante die Normale, die man mit dem Bleistift nachziehen kann. Hat man auf diese Weise in einer Reihe von Punkten P_1, P_2, P_3 usw. die Normalen konstruiert, so hat man nichts weiter zu tun, als von den Punkten P aus Lote auf die Abszissenachse zu fällen und alle diese Lote gleich einer Höhe $PD = h$ zu machen. Zieht man dann Parallele zur Abszissenachse durch die Endpunkte D, D_1, D_2 usw., so sind die dem Abschnitte DE in der Abb. 10 entsprechenden Abschnitte ein Maß für die Neigung der Kurve[2]). Die Gesamtheit dieser Abschnitte als Ordinate über der Abszissenachse aufgetragen, ergibt die Differentialkurve.

Wenn es sich nun zeigt, daß diese Kurve merkliche Zacken oder Einschnitte aufweist, so wird man das auf Interpolationsfehler in der ursprünglichen Kurve zurückführen und diese entsprechend verändern [W 9].

Das beschriebene Verfahren hat indessen auch losgelöst von dem Problem der Interpolationsverbesserung seine Bedeutung, da es in vielen Fällen von Interesse ist, die

---

[1]) Siehe R. Mehmke, Leitfaden zum graphischen Rechnen, Berlin 1917, S. 109. Daselbst noch weitere Verfahren zur Konstruktion von Tangenten und Normalen.

[2]) Über andere Methoden siehe Elektrotechnische Zeitschrift 1913, Nr. 52, S. 1491: Ein einfaches Verfahren zur Bildung von Differentialkurven (ohne Autorenangabe).

Differentialkurve einer Funktion kennenzulernen. Wenn z. B. die ursprüngliche Kurve die Abhängigkeit einer Größe von der Temperatur darstellt, so gibt die Differentialkurve die Änderung dieser Größe pro Grad Temperaturzunahme, d. h. den sogenannten Temperaturkoeffizienten der Größe. So z. B. ist in Abb. 11 der Zusammenhang zwischen dem Widerstand eines Eisendrahtes als Ordinate und seiner Temperatur als Abszisse dargestellt und daran nach der geschilderten Methode die Differentialkurve bestimmt. Das Ergebnis ist die untere Kurve, die also den Temperaturkoeffizienten des Eisenwiderstandes angibt.

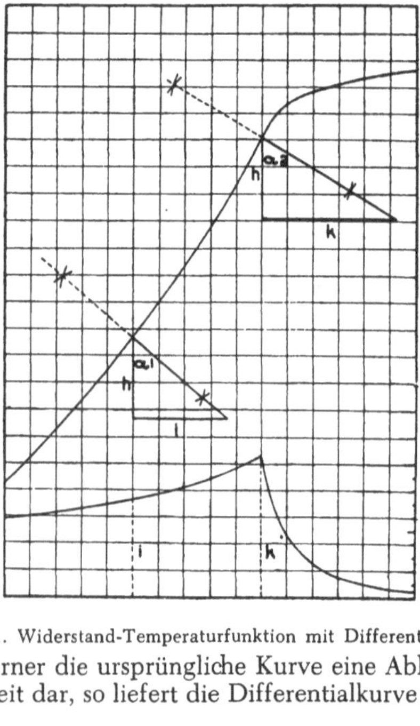

Abb. 11. Widerstand-Temperaturfunktion mit Differentialkurve

Stellt ferner die ursprüngliche Kurve eine Abhängigkeit von der Zeit dar, so liefert die Differentialkurve die Änderungsgeschwindigkeit dieser Größe. Eine besondere Bedeutung gewinnt dieser Zusammenhang bei der Darstellung von Bewegungen; die ursprüngliche Kurve zeigt den zurückgelegten Weg als Funktion der Zeit, falls es sich um eine Drehbewegung handelt, den Umdrehungswinkel als Funktion der Zeit. Die Differentialkurve ergibt dann die Geschwindigkeit dieser Bewegung für jeden Zeitpunkt. Bildet man von dieser Kurve noch einmal die Differentialkurve, so erhält man demgemäß die zeitliche Änderung der Geschwindigkeit, d. h. die Beschleunigung der betreffenden Bewegung. Da nun nach den Gesetzen der Mechanik die Kraft der Beschleunigung proportional ist (im Falle einer Drehbewegung das Drehmoment), so ist hierdurch die Möglichkeit gegeben, aus der Darstellung der Bewegung selbst durch eine einfache Konstruktion die wirksame Kraft bzw. das Drehmoment zu ermitteln.

§ 8. Die Integralkurve

In vielen Fällen ist es von Interesse, den Flächeninhalt zwischen einer Kurve, der Abszissenachse und zwei Ordinaten der Kurve zu kennen, und zwar für alle möglichen Lagen der begrenzenden Endordinate. Eine Kurve, die diesen Flächeninhalt als Funktion der Endabszisse angibt, heißt die Integralkurve der gegebenen Kurve [W 11].

Als Beispiel wollen wir die Arbeit bei der Bewegung eines Kolbens betrachten. Wir denken uns zuerst eine gleichbleibende Kraft K auf den Kolben wirkend. Wir tragen die Hubhöhe des Kolbens als Abszisse x auf und die bei jeder Stellung des Kolbens wirkende Kraft als Ordinate y, was also hier, da die Kraft konstant ist, eine zur x-Achse parallele Gerade ergibt (Abb. 12). Die geleistete Arbeit ist für jede Stellung gleich Kraft mal Weg, also gleich dem Flächeninhalt des Rechtecks $OKPx$. Wollen wir

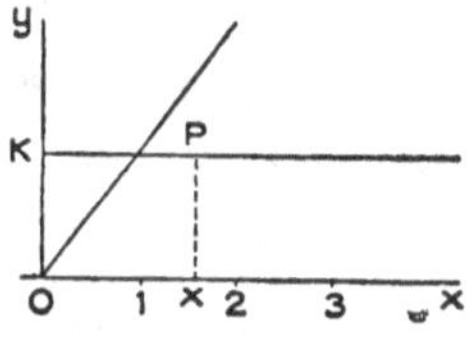

Abb. 12. Ermittlung der Arbeit bei konstanter Kraft

diese Arbeit nun für jede Stellung x des Kolbens ebenfalls als Kurve auftragen, so ist sie für $x = 0$ offenbar auch gleich 0. Für $x = 1$ ist sie $= K \cdot 1$, also so hoch, wie die ursprüngliche Kurve. Für $x = 2$ ist sie zweimal so hoch, und weiterhin steigt sie immer um dasselbe Stück, wenn x um eine Einheit steigt. Wir erhalten also eine schräge Gerade, deren Steigung dadurch bestimmt ist, daß sie bei $x = 1$ gerade die Höhe K haben muß.

Wir wollen jetzt als zweiten Fall annehmen, daß die Kraft nicht mehr für jede Stellung des Kolbens gleich groß ist, sondern, z. B. wie bei einer Expansionsdampfmaschine, infolge der allmählichen Entspannung des Dampfes mit wachsender Hubhöhe nach einer durch das Indikatordiagramm gegebenen Kurve abnimmt (vgl. S. 9). Es ist bekannt und auch nicht schwer einzusehen, daß auch hier die jeweils geleistete Arbeit durch die Größe der Fläche zwischen der Kurve, der Nullinie und den beiden Senkrechten zu Beginn des Hubs und an der betrachteten Stelle x gemessen wird (Abb. 13). Um auch hier die Integralkurve zu ermitteln, ersetzen wir die gegebene Kurve $AHIE$ durch eine Treppenkurve $ABB'CC'DD'E$, deren senkrechte Teile BB', CC', DD' immer so gewählt werden, daß so genau wie möglich das unter die Kurve einspringende kleine Flächenstück ebenso groß ist wie das vorangehende ausspringende. Wir suchen

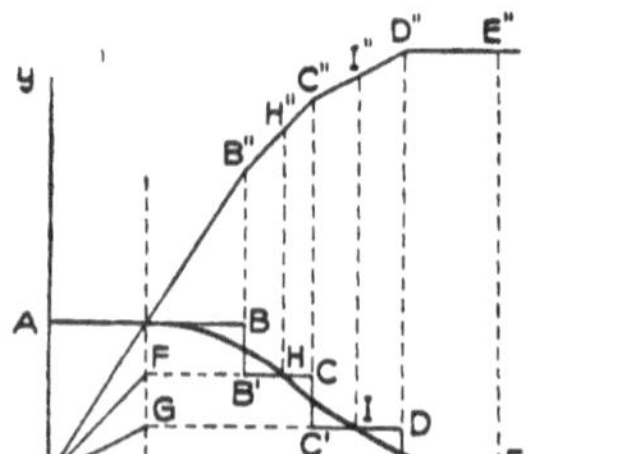

Abb. 13. Ermittlung der Fläche unterhalb der Kurve

nun zuerst die Integralkurve der Treppenkurve. Das zu der ersten Treppenstufe gehörige Stück ist eine Gerade, deren Steigung dadurch gegeben ist, daß sie bei der Abzisse 1 so hoch ist wie die Treppenstufe selbst. Diese Gerade reicht bis zum Schnitt B'' mit der Ordinate BB'. Für die zweite Treppenstufe wird nun offenbar wieder eine schräge Gerade gelten, deren Steigung aber geringer ist: wächst die Abszisse um 1, so muß die Ordinate um die Höhe der zweiten Treppenstufe wachsen. Wir verlängern die Linie CB' bis zum Schnitt F mit der Senkrechten $x = 1$ und verbinden F mit O. Die Fortsetzung der Integralkurve bei B'' muß dann parallel zu OF sein und bis zum Schnitt C'' mit der Ordinate CC' reichen. Von C'' an beginnt eine dritte Gerade von noch geringerer Steigung, die parallel zu OG gezeichnet wird, wenn G auf der Senkrechten $x = 1$ in der Höhe der dritten Treppenstufe liegt. Da in unserem Beispiel die vierte Stufe in der x-Achse selbst verläuft, entspricht ihr in der Integralkurve ein horizontales Stück, das ausdrückt, daß der Flächeninhalt nicht mehr wächst. Als Integralkurve der Treppenkurve haben wir also den gebrochenen Linienzug $OB''C''D''E''$ gefunden.

Da nun die ursprüngliche Kurve an den Punkten A, H, I, E mit großer Annäherung denselben Flächeninhalt hat wie die Treppenkurve, so muß ihre Integralkurve auf den entsprechenden Ordinaten, also bei O, H'', I'', E'' mit der Treppenkurve zusammenfallen. Man kann sich nun leicht davon überzeugen, daß sie sie dort berühren muß. Denn da die erste Treppenstufe über der Kurve verläuft, ist ihr Flächeninhalt offenbar zuerst größer; vom Punkte B' an fängt er dann an langsamer zu wachsen, um bei H von dem Flächeninhalt der Kurve eben eingeholt zu werden. Hinter H liegt aber die Treppenkurve wieder höher, der Flächeninhalt ist also wieder größer. Folglich liegt die Integralkurve der Treppenkurve beiderseits von H'' oberhalb der Integralkurve der Kurve und also kann H'' nur Berührungspunkt, nicht Schnittpunkt sein. Dasselbe gilt für I''. Für O und E'' würde es gelten, wenn die Kurve darüber hinaus verlängert würde. Legen wir daher jetzt eine Kurve so, daß sie den gebrochenen Linienzug in O, H'', I'' und E'' berührt, so haben wir die gesuchte Integralkurve mit guter Genauigkeit gefunden und können aus ihr für jede Kolbenstellung die bis dahin geleistete Arbeit ablesen.

Ein einfaches Hilfsmittel zur bequemeren zeichnerischen Ausführung dieses Verfahrens beschreiben Naatz u. Blochmann in der Schrift „Das Zeichnen mit dem Integranten", München 1921. Vgl. auch W. Blochmann, Präzision, Nr. 31/32, 1922 u. Zs. f. angew. Math. u. Mech., Bd. 3, S. 233.

Die erzielbare Genauigkeit hängt hauptsächlich von der Wahl der Treppenstufen ab, und zwar gibt es dafür ein Optimum, das bei einiger Übung leicht gefunden wird. Bei zu großen Stufen ist nämlich die Abschätzung der gleichen Flächeninhalte schwer, bei zu kleinen können sich die Fehler der zu zahlreichen Einzel-Operationen im Endergebnis häufen.

Es ist zu beachten, daß die Integralkurve eine Größe von anderer Dimension darstellt als die ursprüngliche Kurve. In unserem Beispiel stellt die letztere eine Kraft, die erstere eine Arbeit dar. Wenn Abszisse und Ordinate der ursprünglichen Kurve beide Längen darstellen, so stellen die Ordinaten der Integralkurve Flächeninhalte dar. Das macht aber weiter keine Schwierigkeit, wenn man sich nur gegenwärtig hält, daß die Zeicheneinheit, also etwa das cm, den Flächeninhalt 1 qcm bedeuten soll. Eine Länge von 3,5 cm stellt dann einfach einen Flächeninhalt von 3,5 qcm dar. Da die Integralkurve oft unbequem hoch hinauf reicht, ist es vielfach zweckmäßig, den Maßstab für die Integralkurve kleiner zu wählen als die ursprüngliche Kurve. Dies ist sehr leicht möglich, wenn man die Höhe der Treppenstufen nicht auf der Ordinate bei 1 abträgt (Punkt F und G), sondern auf einer weiter vom Nullpunkt entfernten Ordinate, z. B. der Ordinate bei 10 (vgl. Abb. 14). Verbindet man die auf dieser Ordinate den Punkten F und G entsprechenden Punkte mit O, so sind die so gezeichneten Steigungen alle zehnmal kleiner als im ersten Fall. Dasselbe gilt dann auch von den Ordinaten der Integralkurve, die nun bequem auf dem Zeichenblatt Platz haben wird. Natürlich muß man beim Ablesen des Flächeninhaltes die Ordinaten wieder mit 10 multiplizieren oder eine entsprechend verkleinerte Skala anbringen.

Ein interessanter Zusammenhang ergibt sich, wenn man versucht, zu einer gefundenen Integralkurve die Differentialkurve nach dem im vorigen Paragraphen beschriebenen Verfahren zu konstruieren. Man sieht nämlich leicht, daß man dabei genau alle Schritte rückwärts wiederholt, die zuerst zur Konstruktion der Integralkurve geführt haben. Es wird zunächst in einem beliebigen Punkt — wir wählen H'' (Abb. 13) — die Tangente gezeichnet. Diese ist $B''C''$. Dann wird deren Steigung ermittelt, indem man den Tangens des Winkels bestimmt, den sie mit der Abszissenachse bildet. Das ergibt die Ordinate des Punktes F. Diese wird als Ordinate der Differentialkurve zu der Abszisse des ursprünglichen Punktes H'' aufgetragen; man erhält den Punkt H. Ebenso wird man zum Punkt O den Punkt A, zu I'' den Punkt I und zu E'' den Punkt E finden. Die Kurve $AHIE$ — und das gilt natürlich für jede Kurve — ist also die Differentialkurve ihrer eigenen Integralkurve; ebenso ist aber auch jede Kurve wie $OH''I''E''$ die Integralkurve ihrer eigenen Differentialkurve. Diese Beziehung wird in der Infinitesimalrechnung theoretisch abgeleitet*). Der Umstand, daß die beiden graphischen Näherungsverfahren ihre gegenseitigen Umkehrungen sind, ist ihr anschaulicher Ausdruck. Mittels der Integralkurve kann also auch aus einem gegebenen Kraft- oder Beschleunigungsverlauf die Geschwindigkeit und aus ihr die Bewegung selbst ermittelt werden; es kann ferner aus Kurven, die z. B. den Wattverbrauch einer elektrischen Anlage als Funktion der Zeit angeben, der Gesamtenergieverbrauch in Kilowattstunden gefunden werden u. ä. m. Insbesondere

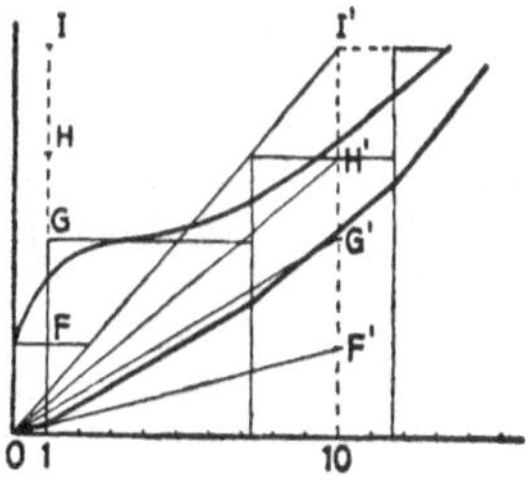

Abb. 14. Integration mit 10fach verkleinertem Ordinatenmaßstab

*) Vgl. diese Sammlung, Bd. 87, 88.

kann aus einer Differentialkurve, deren Ecken und Zacken man ausgeglichen hat, durch Konstruktion der Integralkurve eine verbesserte ursprüngliche Kurve wiedergewonnen werden, wodurch das Seite 21 ff. dargestellte Verfahren zur Glättung von Kurven erst vervollständigt wird.

Ein mechanisches Hilfsmittel zur Bestimmung von Flächeninhalten ist auch das Planimeter, ein Instrument mit einem beweglichen Fahrstift und einer Ablesevorrichtung, die nach Umfahrung einer beliebigen Figur deren Flächeninhalt angibt. Für die Bestimmung eines einzelnen Flächeninhalts einer gegebenen Fläche ist die Benutzung eines Planimeters sehr viel bequemer als die Konstruktion einer Integralkurve. Die letztere ist dagegen überall da bequemer, wo es sich um die Kenntnis der Flächeninhalte für verschiedene Lagen der Endordinate, also des Flächeninhalts als Funktion der Abszisse handelt.

Eine andere Vergleichsmethode besteht darin, daß man die zu bestimmende Kurvenfläche auf Zeichenpapier zeichnet, die Fläche ausschneidet und abwägt, wobei die Flächeneinheit d e m s e l b e n Papier, auf dem die Kurve gezeichnet wurde, entnommen wird.

§ 9. Zusammensetzung mehrerer Funktionen

Das folgende Beispiel beschäftigt sich mit dem Problem der Hintereinanderschaltung zweier Elektrizitätsleiter, deren Widerstand sich mit dem sie durchfließenden Strom ändert. In Abb. 15 ist bei einem gegebenen bestimmten Strombereich I die Strom-Spannungscharakteristik eines Lichtbogens und II die einer Wolfram-Drahtlampe. Die Nullpunkte der Strom- und Spannungsteilung sind aus zeichnerischen Gründen unterdrückt (vgl. Abb. 5). Wir sehen aus den Charakteristiken, daß die Spannung des Lichtbogens mit zunehmender Stromstärke kleiner wird, während die der Drahtlampe steigt. Es soll die Frage beantwortet werden, welcher Strom sich bei verschiedener Spannung bei Hintereinanderschaltung des Lichtbogens und der Metalldrahtlampe einstellt. Wir haben also wieder zwei Funktionen $y_1 = f_1(x)$

und $y_2 = f_2(x)$, wo y die Spannung und x den Strom darstellt. Bei Hintereinanderschaltung ist der Strom in beiden Leitern der gleiche, also müssen wir in beiden Gleichungsformen $x_3 = x_2 = x_c$ setzen und haben dann $y_{1c} = f_1(x_c)$ und $y_{2c} = f_2(x_c)$. Die sich einstellende Spannung ist $y_{1c} + y_{2c}$. Haben wir für eine Anzahl von Strömen x_n die Summe der Spannungen ausgerechnet, so erhalten wir eine neue Kurve $y_1 + y_2 = Y = f_3(x)$, welche den Zusammenhang zwischen der Gesamtspannung der hintereinander geschalteten Stromleiter und dem hindurchfließenden Strome versinnbildlicht. Graphisch wird diese Kurve III einfach dadurch gewonnen, daß man für eine Anzahl von Stromwerten die Ordinaten addiert und jedesmal das Resultat als Punkt der neuen Kurve III über der betreffenden Abszisse einzeichnet. Will man nunmehr rückwärts wissen, wie sich die Spannung bei verschiedenen Strömen verteilt, so braucht man nur parallele Linien zur Ordinatenachse zu ziehen. Die Schnittpunkte jeder dieser Linien mit I und II geben die Einzelspannungen der beiden Leiter an, die Schnittpunkte mit III die Gesamtspannungen. Umgekehrt kann man auch bei gegebener Gesamtspannung sofort den sich einstellenden Strom aus Kurve III ablesen. So ergibt sich z. B., daß bei einer Gesamtspannung von 153 Volt (Kurve III) die Spannung der Metalldrahtlampe 93 Volt (Kurve II), die des Lichtbogens 60 Volt (Kurve I) ist, und daß sich der Strom von 5,75 Amp. einstellt; außerdem erkennt man aus Kurve III, daß die Gesamtspannungscharakteristik quadratisch ansteigt, daß also die Schaltung „stabil" ist.

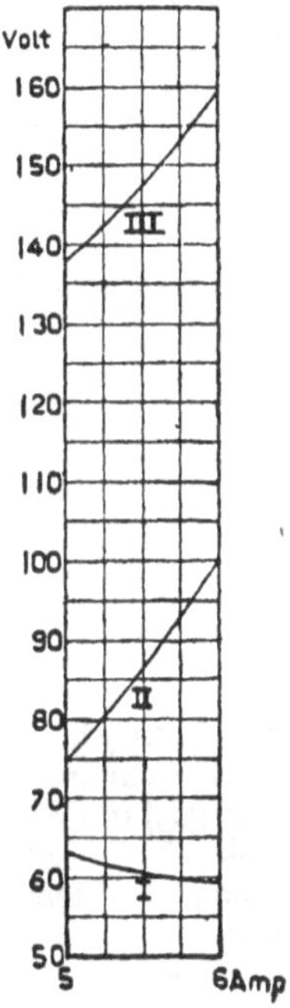

Abb. 15. Serienschaltung zweier Stromleiter

§ 10. Darstellung durch Skalen

Der Zusammenhang zwischen zwei Größen läßt sich auch noch auf eine andere Art zeichnerisch darstellen, die zwar weniger anschaulich ist, wenn es sich darum handelt, den ganzen Verlauf der Abhängigkeit auf einmal zu überblicken, die aber zur Aufsuchung einzelner zusammengehöriger Zahlenpaare vielfach bequemer ist. Es ist dies die Skalendarstellung, zu der man am zweckmäßigsten von

Tabelle 4

Temperatur	Löslichkeit
0°	2,8 g/100 g Lösung
10°	5,2
20°	7,5
30°	10,3
40°	13,2
50°	16,3
60°	20,2
70°	24,5
80°	29,5
90°	35,5

der Kurvendarstellung aus übergeht. Tab. 4 gibt z. B. den Zusammenhang der Löslichkeit von chlorsaurem Kali (K_2ClO_3) mit der Temperatur an; diese Funktion ist in der Abb. 16 als Kurve *a* dargestellt. Errichtet man nun in allen runden Werten der Abszissenachse Senkrechte bis zur Kurve und zieht von da Horizontale bis zur Ordinatenachse, so werden auf dieser alle die Punkte markiert, deren Löslichkeitswerte bei runden Temperaturwerten angenommen werden. Diese Temperaturwerte werden an den betreffenden Stellen beigeschrieben, und so bildet die Ordinatenachse eine Doppelskala, nämlich eine gleichförmige („reguläre") Skala für die Löslichkeitswerte, und eine ungleichabständige Skala für die Temperaturwerte. In Abb. 17 ist diese Doppelskala oder „-Leiter" noch einmal in senkrechter Lage herausgezeichnet. Man sieht, daß man auch für die nicht markierten unrunden Werte die zugehörigen

Werte ohne Schwierigkeit durch Interpolation ablesen kann.

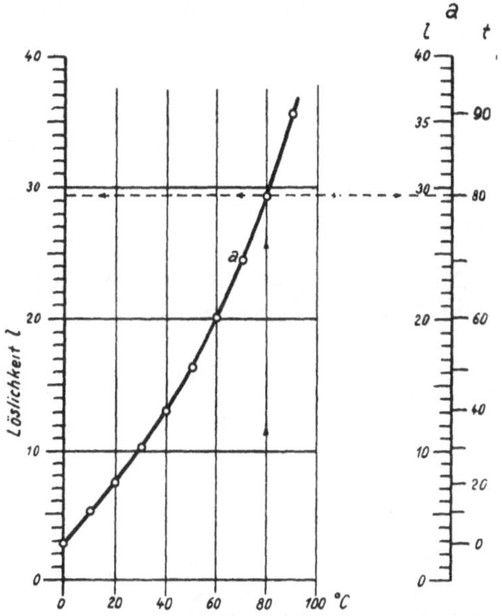

Abb. 16. Entstehung einer Doppelskala aus einer Kurve
Abb. 17. Doppelskala zur Kurve Abb. 16 und Tabelle 4

Ein weiteres uns allen geläufiges Beispiel einer derartigen Skalendarstellung bietet auch die Skala eines Zimmerthermometers, an der man die Temperatur in Celsius- und Réaumurgraden ablesen kann.

Besonders vorteilhaft ist die Skalendarstellung, wenn es sich darum handelt, die Abhängigkeit mehrerer Größen von einer anderen darzustellen, z. B. Strom, Widerstand, Lichtstärke und Lichtausbeute eines Glühlampendrahtes (Abhängige Größe) von der angelegten Spannung (Unabhängige Größe). Würde man all diese Größen als Kurven auf einem einzigen Blatt darstellen, so wäre das Bild sehr unübersichtlich, weil sich die vielen Kurven überschneiden und für jede ein besonderer Maßstab am Rande zu benutzen ist. Statt dessen kann man nun einfach so viele einander parallele Doppelskalen nebeneinander zeichnen wie man Funktionen darzustellen wünscht. Jede Doppelskala besteht dann für das erwähnte Beispiel aus einer gleichförmigen Skala für die Spannung und einer ungleichförmigen (Funktionsskala) für die betreffende abhängige Größe.

Benötigt man von einer Funktion — als Beispiel wird die Potenzfunktion $y = x^4$ gewählt — häufig den Wert y, ausgedrückt in Prozenten ($y = 1 = 100\%$), dann wird man dies zweckmäßig ebenfalls in Form einer Doppelleiter darstellen. Wir wollen im Folgenden die dazu notwendigen Rechenschritte zeigen.

Zunächst ist die Frage der Bereiche zu klären. Es soll der Wert $x = 0$ dem Wert $y = 0 = 0\%$ und $x = 1$ dem Wert $y = 1 = 100\%$ entsprechen. Die Skala soll 30 cm lang werden. Damit ist bereits die Zeicheneinheit, die wir mit E bezeichnen wollen, festgelegt, sie beträgt nach § 4

$$\frac{30\ \text{cm}}{1 - 0} = 30\ \text{cm} = 300\ \text{mm}.$$

Nun wird man sich zuerst in großen Zügen ein Bild über die Lage der einzelnen x-Werte machen. Deshalb entwerfen wir zunächst eine kleine Tabelle, etwa wie folgt:

x	$x^4 = y$	y in %	zu zeichnen $E \cdot y =$ 300 mm $\cdot y$	an diesen y-Wert den Wert von x heranschreiben
0	0	0	0	0
0,1	0,0001	0,01	0,03	0,1
0,3	0,0081	0,81	2,43	0,3
0,5	0,4096	6,25	18,75	0,5
0,8	0,0625	40,96	122,88	0,8
0,9	0,6561	65,61	196,83	0,9
1	1,000	100,00	300,00	1

Wie man erkennt, liegen die x-Werte zu Beginn der Skala bis etwa zum Wert $x = 0{,}5$ außerordentlich dicht, um sich dann bei gleichbleibendem Schritt schnell voneinander zu entfernen (unter Schritt versteht man die gleichbleibende Differenz zwischen zwei x-Werten, in unserer Tabelle z. B. zwischen $x = 0{,}2$ und 0,3 oder zwischen $x = 0{,}8$ und 0,9). Man wird also für die Werte unter $x = 0{,}5$ eine andere Unterteilung innerhalb des Schrittes vornehmen müssen, in unserem Beispiel ist der erste Schritt von Null aus gleich 0,4 für die Werte $0{,}4 < x < 0{,}6$ gleich 0,05, für Werte $0{,}6 < x < 0{,}8$ gleich 0,02, ab $0{,}8 < x < 1$ gleich 0,01. Das im Maßstab 1 : 3,33 verkleinerte Bild der endgültigen Doppelleiter zeigt Abb. 18.

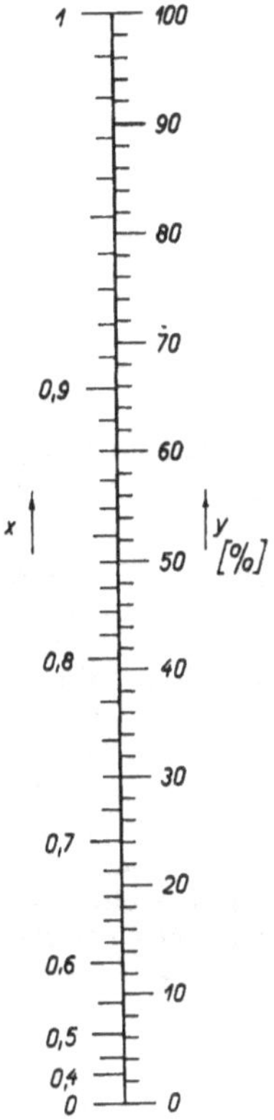

Abb. 18. Darstellung der Gleichung $y = x^4$, wobei $y = 1 = 100\%$ ist

Zweites Kapitel

Darstellung der Abhängigkeit zweier Größen, deren theoretischer Zusammenhang bekannt ist

§ 11. Die lineare Abhängigkeit

Man könnte auf den ersten Blick annehmen, daß die graphische Darstellung dort, wo der theoretische Zusammenhang zwischen zwei Größen bekannt ist, an Bedeutung stark verlieren müßte, da es ja in diesem Falle möglich ist, zu jedem gegebenen Wert der einen Variabelen den andern beliebig genau zu errechnen. Dagegen liegt gerade auf diesem Gebiet die Stärke der graphischen Darstellung; leistet doch eine graphische Tafel hinsichtlich der Übersichtlichkeit dasselbe, wenn nicht m e h r, wie eine errechnete Tabelle, während sie bei geeigneter Anordnung in vielen Fällen eines ungleich geringeren rechnerischen Aufwandes zu ihrer Herstellung bedarf. Diese Tatsache leuchtet ohne weiteres ein, wenn es sich um einen Zusammenhang von der schon erwähnten linearen Form handelt, d. h. wenn $y = f(x)$ die Form $a + bx$ hat, wo a und b konstante Größen sind. Man sieht leicht ein, daß diese Beziehung zeichnerisch durch eine gerade Linie dargestellt wird (daher die Bezeichnung „linear"). Da nun eine gerade Linie durch zwei ihrer Punkte vollkommen bestimmt ist, so ist die Kenntnis zweier Wertepaare $x_1 y_1$ und $x_2 y_2$, welche der Gleichung $y = a + bx$ genügen, hinreichend, um diese gerade Linie zu zeichnen. Haben wir z. B. zwei solcher Paare $y_1 = 2$, $x_1 = \frac{1}{2}$ und $y_2 = 5$, $x_2 = 2$, so wäre zur Herstellung einer Tabelle erforderlich, zunächst aus diesen Paaren auf analytischem Wege zu berechnen, daß in der dazu gehörigen Gleichung $y = a + bx$, $a = 1$ und $b = 2$ sein müssen, sodann auf Grund dieser Berechnung sämtliche andere Werte von x und y zu errechnen. Für die graphische Darstellung brauchen wir die Konstanten a und b nicht zu berechnen, sondern wir haben nur die beiden gegebenen Punkte in ein rechtwinkliges System zu zeichnen und die gerade Linie zu ziehen. Ein solcher Fall wurde bereits auf S. 19, Abb. 9, besprochen, wo der Sicherheit halber nicht zwei, sondern mehrere Punkte beobachtet worden waren, um die Richtung der geraden Linie einwandfrei festzulegen.

§ 12. Streckung von Kurven

Der große Vorteil, der darin liegt, daß die gerade Linie durch zwei Wertepaare völlig bestimmt ist und mit Hilfe eines Lineals mit einer dem Maßstab der Zeichnung entsprechenden Genauigkeit gezeichnet werden kann, läßt sich nun auch für eine ganze Reihe komplizierter Funktionen ausnutzen. Der Kunstgriff, der dies ermöglicht, besteht in einer Verbindung der Kurvendarstellung mit der in § 10 behandelten Skalendarstellung. Die zunächst gekrümmte Kurve wird dabei durch eine geeignete Verzerrung des ganzen Bildes in eine gerade Linie verwandelt, weshalb man diese Umformung wohl als „Streckung einer Kurve" bezeichnet hat [K 1, P 6, Sch 7 und 8, W 2, W 3, W 5].

a) Quadratskalen und andere Potenzskalen

Wir nehmen an, daß die darzustellende Funktion die Form $y = a + bx^2$ habe, wo a und b beliebige konstante Größen sind. Durch eine Gleichung dieser Form wird z. B. der Zusammenhang zwischen der aus einem Wasserbassin pro Sekunde ausfließenden Wassermenge w und der Höhe h des Wasserstandes über der Ausflußöffnung dargestellt. Die Gleichung lautet $h = bw^2$, so daß also die Konstante a in diesem Falle gleich 0 ist; dies drückt aber nur aus, daß

Tabelle 5

w in l/sec.	$w^2 = z$	h in m
11	121	3
10	100	2,5
8,95	80,1	2,0
7,75	60,1	1,5
6,30	39,7	1,0

die betreffende Linie durch den 0-Punkt der Koordinatenteilung geht. Die Tabelle 5 gibt fünf Beobachtungswerte für die pro Sekunde ausgeflossene Wassermenge w und die dazu gehörigen Wasserstandshöhen h. Tragen wir einfach die Beobachtungsresultate in der Form $h = f(w)$, beide in gleichförmiger Millimeterskala ab, so erhalten wir die gekrümmte Kurve Abb. 19, die zwischen den beobachteten Punkten interpoliert werden kann, bei der aber eine graphische Extrapolation über das beobach-

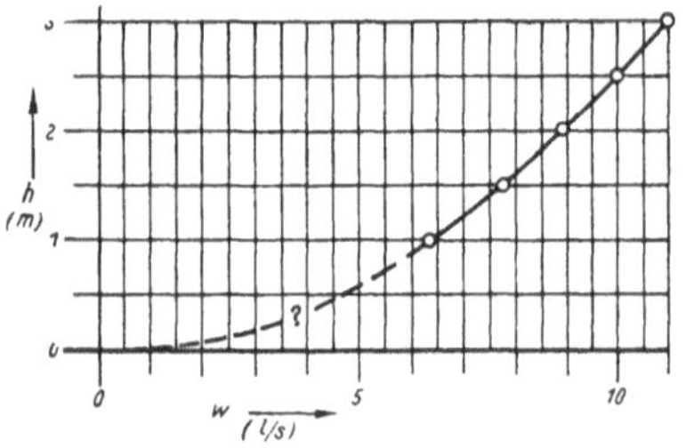

Abb. 19. Quadratische Kurve in regulärem Netz

tete Gebiet hinaus nicht zulässig ist. Der zwischen der Wasserstandshöhe $h = 0$ und 1 m liegende Teil der Kurve ist daher, um diese Unsicherheit anzudeuten, mit einem Fragezeichen versehen. Diese Unsicherheit wird vermieden, wenn man die Kurve in eine gerade Linie verwandelt. Dies geschieht, indem man für w^2 die Größe z einführt, die in der 2. Spalte der Tab. 5 angegeben ist. Die Gleichung $h = bw^2$ nimmt nun die Form an $h = bz$, d. h. wenn wir h über den z-Werten in einer gewöhnlichen Skala auftragen, so entsteht eine gerade Linie, die natürlich nach dem 0-Punkt läuft, da ja bei der Wasserstandshöhe 0 auch die Ausflußmenge 0 sein muß. Aus dieser Darstellung könnte man schon zu jedem h-Wert das zugehörige $z = w^2$ entnehmen, und durch Wurzelziehen das w errechnen. Um auch noch diese Rechenarbeit zu vermeiden, bringt man an der Abszissenachse gleich eine Skala für w an, d. h. man markiert diejenigen Punkte, bei denen $w = \sqrt{z}$ runde Werte annimmt, und schreibt diese dazu, also $w = 1$ bei $z = 1$, $w = 2$ bei $z = 4$, $w = 3$ bei $z = 9$ usw. Dies ist in Abb. 20 geschehen. Je nach der gewünschten Feinheit der Ablesung und je nach dem Maßstab der Zeichnung wird man noch feinere Unterteilungen anbringen, um die bei der quadratischen Interpolation begangenen Augenmaßfehler so klein zu machen, daß sie die angestrebte Genauigkeit nicht beeinflussen können. Für die Benutzung des

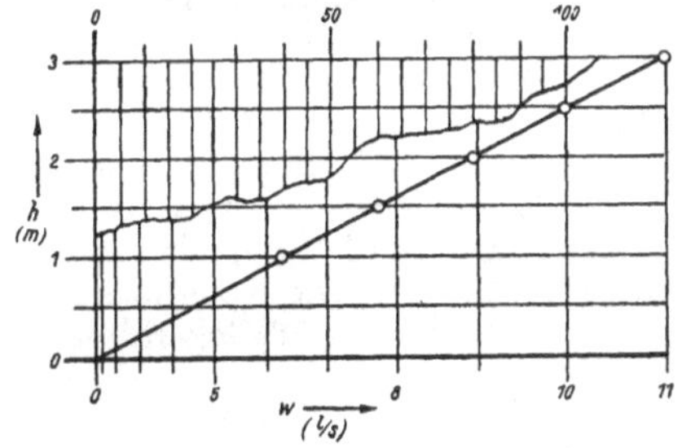

Abb. 20. Ergebnis der Streckung der Kurve

Blattes ist nun die obere Skala der w^2 gar nicht notwendig, ebensowenig wie die Rubrik w^2 in der Tabelle 5. Hat man die Skala für w, deren Teilstriche in den durch die Quadratzahlen bestimmten Abständen stehen, ein für allemal vorbereitet, so kann man die h-Werte der Tabelle 5 direkt über den entsprechenden w-Werten auftragen, dadurch die gerade Linie gewinnen und aus ihr dann für jeden beliebigen anderen h-Wert das zugehörige w ablesen. Mit

Hilfe dieser Darstellung ist also die Funktion $h = f(w) = bw^2$ ganz ebenso einfach darzustellen, zu interpolieren wie auch zu extrapolieren wie eine Funktion 1. Grades.

Die in diesem Beispiel benutzte Quadratskala gehört zu der größeren Gruppe der Potenzskalen, die durch die Formel $y = x^n$ dargestellt werden. Jede Funktion der Form $y = a + b\,x^n$ läßt sich genau wie in dem behandelten Beispiel mit Hilfe einer Potenzskala durch eine gerade Linie darstellen. Die Herstellung der Potenzskalen geschieht in analoger Weise wie die der Quadratskalen. Auch wenn der mathematische Zusammenhang nicht bekannt ist, läßt sich die Kurve strecken (s. a. Tabelle S. 48/49). Der Leser möge durch Nachrechnen die Richtigkeit der erhaltenen Werte prüfen.

b) Logarithmische Skalen

Für andere Funktionen läßt sich das Ziel der Darstellung der Funktion als gerade Linie durch Benutzung anderer Skalen erreichen. Haben wir z. B. eine Funktion der Form $y = Ax^n$ ohne additives Glied, wo n eine beliebige positive oder negative Zahl ist, so könnten wir diese zwar auch mit Hilfe der Skala x^n in eine gerade Linie verwandeln. Jedoch ist besonders für gebrochene n die Herstellung der entsprechenden Potenzskala umständlich. Viel bequemer wird das Ziel erreicht, wenn man die gegebene Funktionsgleichung (zur Basis 10) logarithmiert und also schreibt

$$\lg y = \lg A + n \lg x.$$

Führt man jetzt die neuen Variablen $\xi = \lg x$, $\eta = \lg y$ ein und setzt noch zur Abkürzung $\lg A = a$, so ergibt sich

$$\eta = a + n\,\xi,$$

d. h. zwischen ξ und η besteht ein linearer Zusammenhang, der in einem $\xi\eta$-Koordinatensystem durch eine gerade Linie dargestellt wird. Um an dieser geraden Linie zusammengehörige Wertepaare x, y ablesen zu können, ist es nur nötig, auf den ξ- und η-Achsen logarithmische Skalen anzubringen, die die jeweils zu ξ und η gehörigen x- bzw. y-Werte angeben. Solche Skalen kann man mit

Hilfe einer Logarithmentafel leicht selbst herstellen. Man geht dabei von einer gleichförmigen ξ- bzw. η-Skala aus, sucht darin die Stellen auf, die runden Werten des Numerus x bzw. y entsprechen und zeichnet dort die Teilstriche für x bzw. y, also z. B. den Teilstrich 2 bei 0.301, den Teilstrich 3 bei 0.477, usw. Die gleichförmige Skala selbst wird dann meist weggelassen, da die Werte ξ und η nicht abgelesen zu werden brauchen.

In Abb. 21 ist die Abtragung der jeweiligen Strecken besonders hervorgehoben. Man bemerkt, daß die gleichen Numeri gleiche Abstände l voneinander haben. Diese Tatsache erleichtert das Aufzeichnen logarithmischer Skalen. Es ist die Strecke p in Dekade I gleich der Strecke $1 \cdot \lg 3 = 0{,}477\,l$ in Dekade II (s. a. [F 3]).

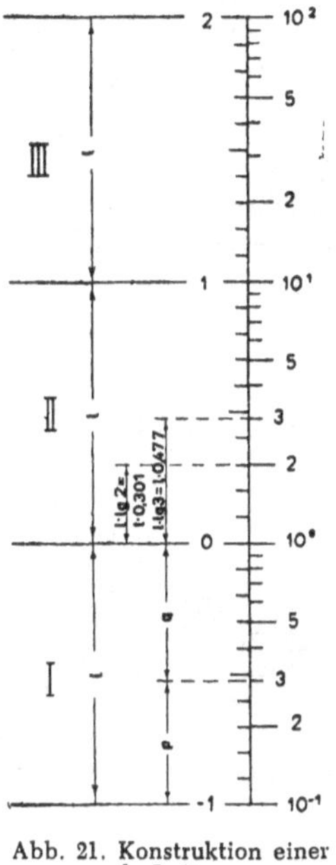

Abb. 21. Konstruktion einer lg-Leiter

Ist jedoch der Ausgangspunkt der logarithmischen Skala nicht zugänglich (etwa bei sehr großem Maßstab für l oder auch, weil z. B. die Werte erst von 0,3 ab benötigt werden), dann muß die Abtragung vom Numerus der nächstgrößeren Dekade, also in diesem Fall von 3 ausgehen, indem man vom Punkt 3 der zweiten Dekade eine Dekadenlänge nach unten abträgt, d. h. in Zahlen ausgedrückt

$$\lg 3 - 1 = 0{,}477 - 1 = \lg 0{,}3.$$

Die Verwendungsweise und die Vorteile der Logarithmenskalen werden am besten durch das folgende praktische Beispiel ersichtlich. Der Zusammenhang zwischen dem Strom J, der dazu gehört, um einen elektrischen Leiter im luftleeren Raum auf irgendeine bestimmte Temperatur zu bringen (z. B. Leuchtkörper einer Glühlampe), ist bei gleicher Temperatur vom Durchmesser d nach der Gleichung $J = k\sqrt{d^3}$ abhängig, wo k eine Konstante ist, deren Größe durch das Material und durch die Temperatur bestimmt wird. Nehmen wir an, daß einige Werte vorliegen, die der genannten Gleichung für irgendein Material (z. B. Wolfram-Draht) bei 2100° genügen; es seien die in der Tabelle 6 niedergelegten Zahlen. Es soll nun auf Grund dieser Werte der Zusammenhang zwischen Strom und Durchmesser für Ströme von 0,1 bis 4 Ampere so aufgetragen werden, daß eine unmittelbare Ablesung mit einer Genauigkeit von etwa 2% für den Durchmesser und für den Strom gewährleistet wird. Würden wir die Zahlen der Tabelle in gleichförmiger Skala in ein Koordinatennetz eintragen, so würde das Bild 22 entstehen, bei dem zunächst, ebenso wie bei dem früher besprochenen Beispiel, wo eine quadratische Funktion aufgezeichnet wurde, eine Extrapolation unmöglich wäre. Weiter aber ist zu bemerken, daß die Genauigkeit der Ablesung zwar zwischen 3 und 4 Ampere 2% sowohl für den Strom als für den Durchmesser erreicht; zwischen 0,5 und 1 Ampere dagegen ist bereits die gestellte Forderung nicht mehr erfüllt und zwischen 0,1 und 0,2 Ampere ist der Fehler für Strom und Durchmesserablesung auf 10—20% gestiegen (je nach der Feinheit der noch möglichen Unterteilung, für welche 0,5 mm als äußerste Grenze zu betrachten ist). Teilen wir dagegen die Abszisse und Ordinate in logarithmischem Maß, so wird dem Umstand entsprechend, daß die Diffe-

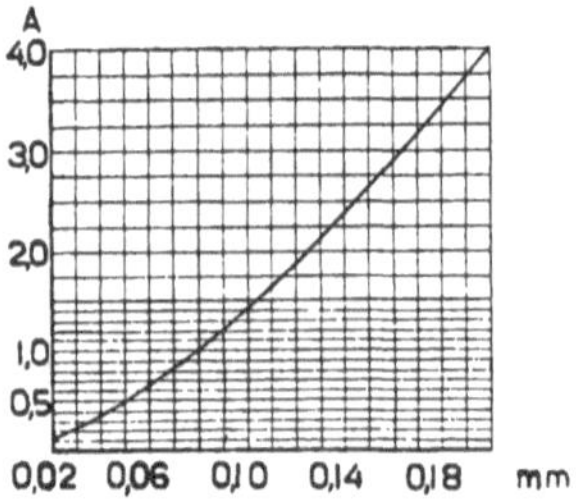

Abb. 22. Darstellung der Tab. 6 im regulären Netz

renz zwischen log 0,1 und log 1 die gleiche ist wie die zwischen log 1 und log 10, die Ablesegenauigkeit im Bereich 0,1—1 Ampere genau die gleiche wie im Bereich

Tabelle 6

Durchmesser in mm	Ampere
0,02	0,12
0,03	0,23
0,06	0,66
0,08	1,0
0,1	1,4
0,2	4,0

1—10 Ampere. Das gleiche gilt von der Durchmesserauftragung, die zwischen 0,01 und 0,1 mm den gleichen Bereich einnimmt und infolgedessen die gleiche Ablesegenauigkeit gibt wie zwischen 0,1 und 1 mm. Außerdem ist natürlich bei logarithmischer Darstellung wegen der Geradlinigkeit der logarithmischen Beziehung, die oben schon gezeigt wurde, eine Extrapolation erlaubt. Die Abb. 23 gibt die auf Grund der eben besprochenen Grundlagen hergestellte graphische Darstellung der Beziehung:

$$J = k \cdot d^3/_2.$$

Es wurden drei Wertepaare verwendet, von denen zwei notwendig sind, während das dritte zur Kontrolle dient. Die Werte sind:

$$d = 0{,}02, \quad J = 0{,}12$$
$$d = 0{,}05, \quad J = 0{,}5$$
$$d = 0{,}2 \quad J = 4{,}0.$$

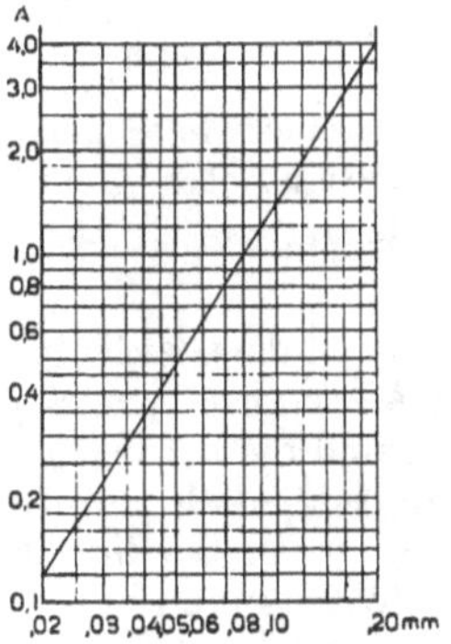

Abb. 23. Darstellung der Tabelle 6 im doppelt logarithmischen Netz

Auf die große Wichtigkeit der logarithmischen Skalen für die graphische Darstellung ist schon frühzeitig hingewiesen worden, in Deutschland wohl in den 80er Jahren zuerst von R. Mehmke, auf dessen Anregung hin die Firma Schleicher u. Schüll (Düren) die Herstellung von logarithmisch geteilten Koordinatenpapieren begann, die jetzt in einer großen Anzahl von verschiedenen Mustern erhältlich sind. Die Abb. 24 zeigt einen Ausschnitt aus einem doppelt-logarithmischen Netz mit einer Zeicheneinheit von etwa 41 mm je Dekadenlänge.

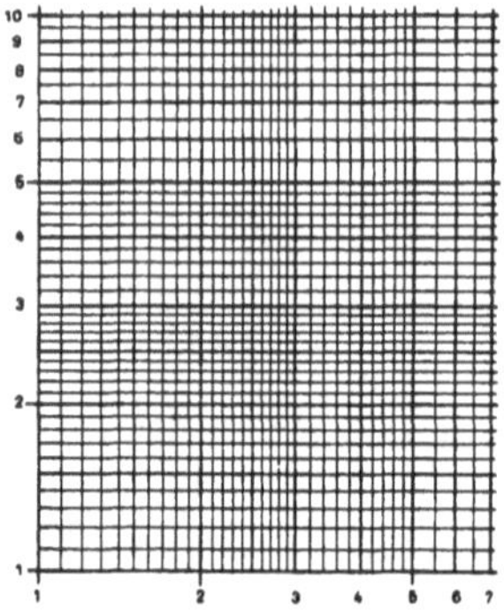

Abb. 24. Ausschnitt aus einem doppelt-logarithmischen Netz (Potenzpapier)

Ihre vielseitige Verwendung hat Schreiber in seinem Buch über Flächennomographie zusammengestellt (vgl. das Literaturverzeichnis auf S. 207 [Sch 7 und 8]).

Wir wollen im folgenden Abschnitt auf die Theorie dieser Papiere kurz eingehen, damit der Leser erforderlichenfalls in der Lage ist, sich ein solches Spezialpapier selbst herstellen zu können.

Wie wir bereits auf S. 19 gesehen haben, lautet die Gleichung einer Geraden in einem rechtwinkligen Koordinatensystem

$$y = a + bx. \tag{1}$$

Dies ist die Gleichung einer Geraden, die mit der positiven x-Achse den Winkel β bildet, dessen Tangens gleich b ist und die auf der y-Achse die Länge a abschneidet. Wir müssen jedoch hinzufügen, daß diese Gleichung nur dann gilt, wenn die Koordinatenachsen gleichförmig (regulär) geteilt sind (und nur, wenn beide Zeicheneinheiten gleich sind, erscheint der Anstieg $b = 1$ unter einem Winkel von 45°). Unter Berücksichtigung dieser Tatsache wollen wir die Gleichung noch einmal ausführlicher hinschreiben:

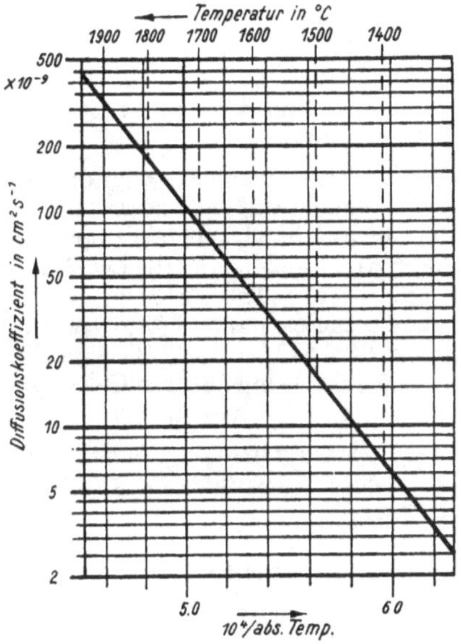

Abb. 25. Abhängigkeit des Diffusionskoeffizienten für Kohle in Wolfram von der reziproken absoluten Temperatur

$$\text{gleichförmig } y = \text{gleichförmig } a + b \cdot \text{gleichförmig } x. \quad (2)$$

Das Exponentialpapier spielt eine große Rolle auf dem Gebiet der angewandten Naturwissenschaften, z. B. bei der Viskositätsbestimmung, radioaktivem Zerfall, Entladung eines Kondensators, Auslaugung bei chemischen Prozessen, Widerstand von Halbleitern als Funktion der Temperatur usw. Für das zuletzt genannte Gebiet zeigen wir ein Beispiel:

Hier wird die Formel

$$\lg_e D = -\frac{E}{RT} + c \quad (3)$$

zu einer Geraden gestreckt. Wir schreiben die Formel etwas anders und erhalten:

$$\left.\begin{aligned} \lg_e D &= -\frac{E}{R} \cdot \frac{1}{T} + c \\ Ordinate &= \quad b \cdot x + a \end{aligned}\right\} \qquad (4)$$

(s. Tabelle S. 49 Nr. 8 mit $n = 1$) und erkennen nunmehr sofort die Achsenteilungen.

Der dargestellte Zusammenhang zeigt die experimentell gefundene Abhängigkeit des Diffusionskoeffizienten D für Kohle in Wolfram von der absoluten Temperatur T (E, R, c sind unveränderliche Größen) [P 10]. Durch die Versuchswerte läßt sich — wie Abb. 25 zeigt — eine Gerade ziehen, die damit zugleich zum Werteträger für alle Zustände zwischen 1400° C bis 1950° C wird. Die absolute Temperatur ist mit der Temperatur in Celsiusgraden durch die Gleichung $T = C + 273$ verbunden.

Ähnlich wie bei vorgenannten Papieren verläuft die Entwicklung eines Spezialpapiers für quadratische Funktionen der Form:

$$Y = \sqrt{a^2 + b X^2}. \qquad (5)$$

Wir quadrieren (5) und erhalten

$$\left.\begin{aligned} Y^2 &= a^2 + b X^2 \\ y &= a + b x \end{aligned}\right\} \text{ Zuordnung.}$$

Auch hier erkennen wir sofort, daß das Funktionspapier in beiden Achsen quadratisch geteilt sein muß.

Eine Sonderstellung nimmt das sogen. Dreiecksnetz ein, welches meist aus einem gleichseitigen Dreieck besteht und eine gleichförmige Teilung besitzt. Man benutzt die Eigenschaft, daß für jeden Punkt P der Dreiecksebene die Summe der Abstände von den Dreiecksseiten konstant ist, zur Lösung von Gleichungen der Form $x + y + z = 1$. Ist die Teilung der Dreiecksseiten logarithmisch, dann ergibt sich $\lg x + \lg y + \lg z = 1$.

Davon macht man Gebrauch beim sogen. „Röhrendreieck", bei dem Durchgriff, Steilheit und innerer Widerstand in folgendem Zusammenhang stehen: $D \cdot S \cdot W = 1$ [K 3].

J e d e r Punkt innerhalb des Dreiecks kennzeichnet somit einen ganz bestimmten physikalischen Zustand,

SCHWERDT nannte solche Punkte im Netz „Zustandspunkte“ [Sch 22].

Ein Sonderfall ergibt sich für $b = -1$:

$$y^2 = a^2 - x^2 \text{ oder} \quad (6)$$
$$x^2 + y^2 = a^2,$$

d. h. auf allen von der x-Achse unter dem Anstieg $M = -1$, also nach links oben gehenden Geradenscharen, sind die Quadratsummen abzulesen (Abb. 26).

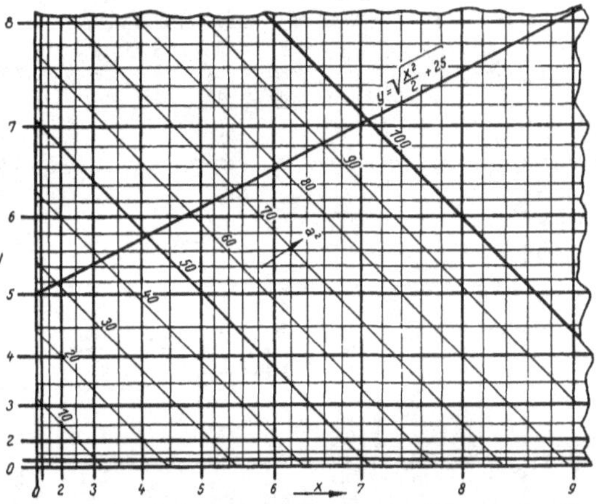

Abb. 26. Ausschnitt aus einem Funktionsnetz zur Ablesung von Quadratsummen; Teilung der Koordinatenachsen. Beispiele: $5^2 + 5^2 = 50$, $8^2 + 6^2 = 100$

Es erscheint zweckmäßig, an dieser Stelle für einige einfache Funktionspapiere [F 6; F 7; G 8; H 8; K 1; K 4; L 2; L 7; M 6; M 10; M 15; M 16; N 3 b; N 9; P 2; P 6; P 7; P 10; R 1; R 2; R 3; R 5; R 19; R 20; R 21; Sch 7 u. 8; Sch 15; W 4; W 5; W 14; W 19; W 20; Z 3] die Gleichungen sowie die auf den einzelnen Achsen einzutragenden Größen anzugeben (z. T. nach [R 15]) (b ist der Anstieg der Geraden).

Funktionale Zusammenhänge, die sich der Grundform $y = a + bx$ zuordnen lassen (Graphische Streckung des Funktionsbildes)

Gleichung	Ordinate	Abszisse	Achsenabschnitt	Anstieg
1) $y = a + bx$	y	x	a	$b = \frac{y_2 - y_1}{x_2 - x_1}$
2) $y = p + qx^n$	y	x^n	p	$q = \frac{y_2 - y_1}{x_2^n - x_1^n}$
3) $y = mx^n$	$\lg y$	$\lg x$	$\lg m$	$n = \frac{\lg y_2 - \lg y_1}{\lg x_2 - \lg x_1}$ *)
4) $y = cd^x$	$\lg y$	x	$\lg c$	$\lg d = \frac{\lg y_2 - \lg y_1}{x_2 - x_1}$
5) $y = r + g^x$	$\lg (y - r)$	x	0	$\lg g = \frac{\lg (y_2 - r) - \lg (y_1 - r)}{x_2 - x_1}$
6) $y = \frac{h}{x}$	$\lg y$	$\lg x$	$\lg h$	$-1 = \frac{\lg y_2 - \lg y_1}{\lg x_2 - \lg x_1}$
7) $y = \frac{k}{x^n}$	$\lg y$	$\lg x$	$\lg k$	$-n = \frac{\lg y_2 - \lg y_1}{\lg x_2 - \lg x_1}$

*) Bei der Berechnung der Anstiegswerte sind nicht die aus der Zeichnung entnommenen Längen, sondern die an der Funktionsskala abgelesenen Werte der Numeri zu verwenden. Demnach ist aus der Abb. 27 die Bestimmung des Anstieges in einem doppelt-logarithmischen Netz ohne weiteres ersichtlich, und man erkennt weiter, wie die auf den y- und x-Achsen vorhandenen Funktionsteilungen zu berücksichtigen sind. Dies wird vor allem deutlich, wenn man Abb. 28 zum Vergleich mit heranzieht, in der die Berechnung des Anstieges in einem Exponentialnetz gezeigt wird. Der Anstieg nach Abb. 27 ist eine reine Zahl, während sich nach Abb. 28 ein Logarithmus ergibt.

8) $y = s + \frac{t}{x^n}$	α) $\lg (y - s)$	$\lg x$	$\lg t$	$-n = \frac{\lg (y_2 - s) - \lg (y_1 - s)}{\lg x_2 - \lg x_1}$
	β) y	$\frac{1}{x^n}$	s	$t = \frac{y_2 - y_1}{\frac{1}{x_2^n} - \frac{1}{x_1^n}}$
9) $y = kx + l\,x^n$	α) $\lg \left(\frac{y}{x} - k\right)$	$\lg x$	$\lg l$	$n - 1 = \frac{\lg \left(\frac{y_2}{x_2} - k\right) - \lg \left(\frac{y_1}{x_1} - k\right)}{\lg x_2 - \lg x_1}$
	β) $\frac{y}{x}$	x^{n-1}	k	$l = \frac{\frac{y_2}{x_2} - \frac{y_1}{x_1}}{x_2^{n-1} - x_1^{n-1}}$
10) $y^m = p + q\,\frac{1}{x^n}$	y^m	$\frac{1}{x^n}$	p	$q = \frac{y_2 - y_1}{\frac{1}{x_2^n} - \frac{1}{x_1^n}}$
allgemein 11) $f(y) = a + bf(x)$	$f(y)$	$f(x)$	a	$b = \frac{f(y_2) - f(y_1)}{f(x_2) - f(x_1)}$
12) $m = a^{-\left(\frac{x}{p}\right)^n}$	$\lg \lg \frac{1}{m}$	$\lg \frac{x}{p}$	$\lg \lg a$	$n = \frac{\lg \lg \frac{1}{m_2} - \lg \lg \frac{1}{m_1}}{\lg \frac{x_2}{p} - \lg \frac{x_1}{p}}$

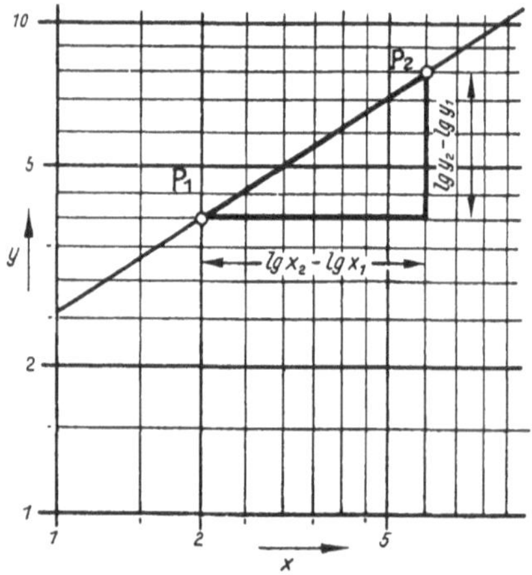

Abb. 27. Anstieg einer Geraden in einem doppelt-logarithmischen Funktionsnetz (Potenzpapier)

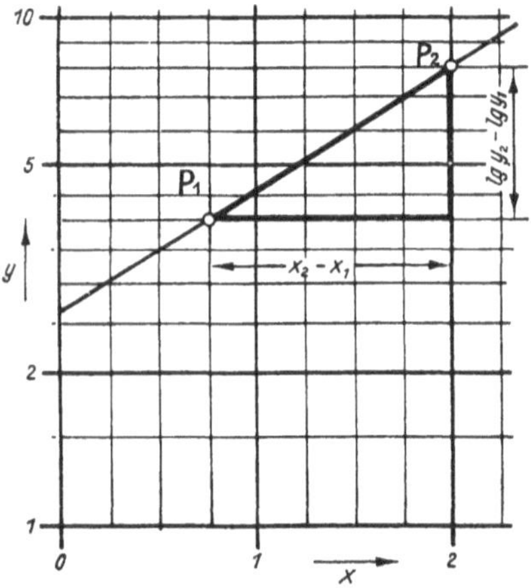

Abb. 28. Anstieg einer Geraden in einem einfach-logarithmischen Funktionsnetz (Exponentialpapier)

Hinweis auf Möglichkeiten von Umformungen mit dem Ziel, vorgegebene Grundformen herzustellen (Umformungsmethoden, die bei Vorliegen einer nicht zu den Tafeltypen passenden Form auf obengenannte Tafeltypen führen).

1. Durch Division, z. B. x (s. § 16),

2. a) durch Umformung, die an sich zu einem Normal-Tafeltyp führt, der jedoch in einen anderen günstigeren Typ übergeführt wird,

   b) man dividiert durch eine Funktion einer Variablen,

3. man versucht eine Umformung derart, daß man eine sogen. Grundform erhält, bei der

   a) zwei Variable auf zwei Funktionsleitern führen und

   b) zwei Größen miteinander gekoppelt sind.

   Bei b) ergibt sich ein Geradennetz, wenn $F_{3,4}$ und $G_{3,4}$ (siehe 4) lineare Funktionen sind [F 12, 13, P 2 (S. 37 und 262)], z. B.

$$K = e \cdot n + f. \tag{I}$$

   Dies ist die sogenannte Kostenfunktion [Sch 20, S. 59, Z 3, S. 187], die besagt: Die Gesamtkosten K eines Fabrikates (z. B. einer Buchauflage) setzen sich zusammen aus den Kosten für das einzelne Teil e, multipliziert mit der Anzahl n der herzustellenden Teile. Hinzu kommen noch die festen Kosten f. (Es ist der Einfachheit halber unberücksichtigt geblieben, daß erfahrungsgemäß bei der Herstellung großer Mengen der Selbstkostenpreis sinkt.) Dividiert man jetzt die Gleichung (I) durch e, dann erhält man, wenn man nach K auflöst

$$K = \frac{n + \frac{f}{e}}{\frac{1}{e}}. \tag{II}$$

Damit ist Gleichung (I) auf eine nomographische Grundform (s. u. 4) gebracht worden.

4. Die allgemeine nomographische Grundform zu 3. lautet:

$$F_1(\alpha) = \frac{F_2(\beta) + F_{3,4}(\gamma, \delta)}{G_{3,4}(\gamma, \delta)} \qquad \text{(III)}$$

und führt auf ein Nomogramm, bei dem ebenso wie bei 3. zwei Leitern Funktionsleitern sind (α, β), das zwischen ihnen liegende Funktionsnetz (γ, δ) jedoch i. a. aus Kurvenscharen besteht. So kann z. B. $F_{3,4}(\gamma, \beta)$ ein Logarithmus und ein Tangens sein. Die Größe γ kann also in jeder Funktion für sich stehen (ausschl. $F(\gamma)$). Besonders viele Beispiele in [M 13, Sch 21], jedoch auch in [Sch 17, Z 3].

Man lasse sich jedoch nicht gleich enttäuschen, wenn eine algebraische Umformung nicht sofort zum gewünschten Ziel führt. Oft ergibt sich ein gangbarer Weg, indem man nach jeweils einer der Variablen der vorgelegten Gleichung auflöst; mit der Zeit wird der Nomogrammpraktiker in immer steigendem Maße die ihm zur Verfügung stehenden analytischen Methoden der vorherigen Formelumformung erfolgreich benutzen [P 2, Seite 37 und 262, F 13].

Die logarithmische Skala läßt sich nicht nur zur Darstellung, sondern auch zu Rechnungen verwenden. Zum Beispiel soll zuweilen bei der Konstruktion von Anlassern für elektrische Motoren ein Widerstand so in eine gegebene Zahl von Stufen unterteilt werden, daß die Ausschaltung jeder Stufe den Widerstand in einem bestimmten Verhältnis vermindert. Es sei z. B. ein Widerstand von 13,5 Ohm in 32 Stufen zu unterteilen, so daß zuletzt noch ein Restwiderstand von 0,3 Ohm übrigbleibt. Man nimmt eine logarithmische Skala und teilt den Abstand vom Teilstrich 0,3 bis 13,5 in 32 gleiche Teile; oder noch bequemer: man nimmt logarithmisches Papier von dem Muster mit logarithmischer Ordinaten- und gleichförmiger Abszissen-Teilung und verbindet den Punkt, dessen Ordinate 13,5, dessen Abszisse 0 ist, mit dem Punkt der Ordinate 0,3, Abszisse 32 (vgl. Abb. 29). Die zu ganzzahligen Abszissen gehörigen Ordinaten dieser Verbindungslinie an der logarithmischen Skala abgelesen, geben dann die einzelnen Widerstandsstufen an, also 13,5, 11,9, 10,5, 9,3 usw. Die Begründung liegt in der Eigenschaft der Logarithmenskala, daß Werte von konstantem Zahlenverhältnis längs der Skala konstanten Abstand haben.

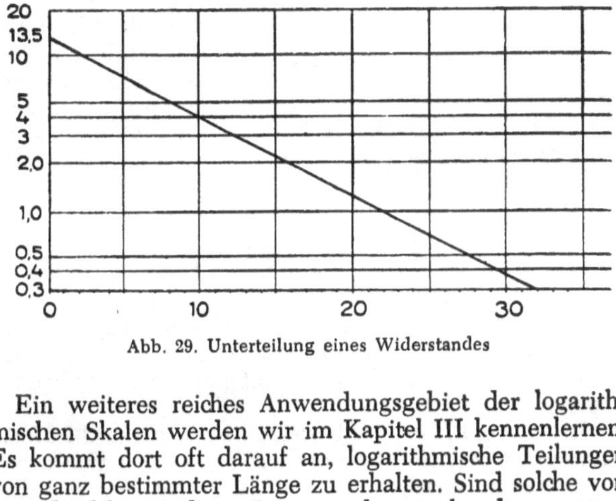

Abb. 29. Unterteilung eines Widerstandes

Ein weiteres reiches Anwendungsgebiet der logarithmischen Skalen werden wir im Kapitel III kennenlernen. Es kommt dort oft darauf an, logarithmische Teilungen von ganz bestimmter Länge zu erhalten. Sind solche von irgendwelchen anderen Längen schon vorhanden — etwa auf einem logarithmisch geteilten Papier oder einem Rechenschieber —, so kann man in der in Abb. 30 angedeuteten Weise verfahren. Man überträgt nämlich zwei gegebene Logarithmenskalen, von denen die eine länger, die andere kürzer sei als die gewünschte Skala, auf ein Blatt Zeichenpapier, so daß sie parallel zueinander liegen, und verbindet alle Teilungspunkte gleicher Bezifferung miteinander. Jede Parallele zu den beiden Logarithmenteilungen wird von den Verbindungslinien, wie ohne weiteren Beweis ersichtlich ist, logarithmisch geteilt. Die Länge der betreffenden Logarithmenteilung wird zweckmäßig auf einer auf der untersten Verbindungslinie angebrachten gleichförmigen Teilung abgelesen. So können z. B. aus Abb. 30 alle Logarithmenskalen von 20 bis 40 mm Länge in Abstufungen von etwa ½ mm hergestellt werden. Die punktiert ausgezeichnete Linie trägt, wie aus der Ablesung auf der waagerechten Teilung hervorgeht, eine Skala von 26 mm Gesamtlänge.

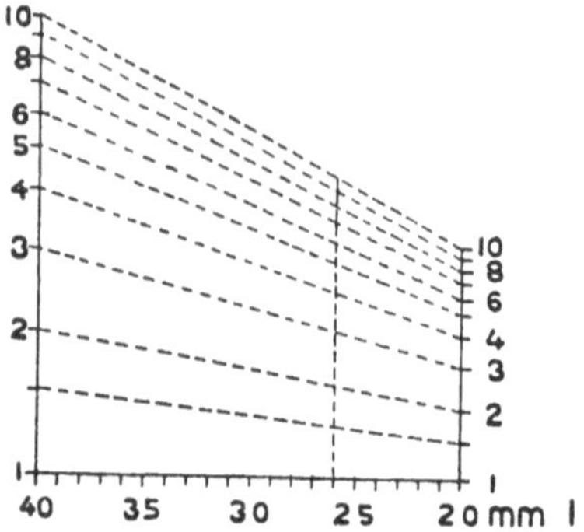

Abb. 30. Konstruktion logarithmischer Skalen beliebiger Länge (Logarithmische Harfe)

Bei Verwendung vorgedruckter Logarithmenteilungen wird man gut tun, sich von den am Rande vorgedruckten Zahlen möglichst frei zu machen, da man sonst in vielen Fällen zu einer schlechten Ausnutzung des Koordinatenpapiers kommt.

Hat man z. B. eine Zahlenreihe zwischen 8 und 24 logarithmisch in großem Maßstabe aufzutragen, so müßte man dazu zwei aneinandergeklebte Bogen Logarithmenpapier von der in Abb. 24 abgebildeten Art verwenden, wenn man die am Rand stehende Teilung benutzt. Multipliziert man dagegen seine Zahlen mit 2, so kann der nunmehr resultierende Bereich 16—48 ohne weiteres auf einem Blatt untergebracht werden. Die Multiplikation aller Zahlen mit einer Konstanten entspricht beim Auftragen in logarithmischer Teilung einer Parallelverschiebung der Kurve, ebenso wie bei der Darstellung in regulärer Skala die Hinzufügung einer additiven Konstanten (Verzifferung).

Oft benötigt man lg-Teilungen, deren Maßstäbe in einem bestimmten Verhältnis zueinander stehen. Nach den bisherigen Erfahrungen der nomographischen Praxis haben sich dabei folgende Dekadenlängen als sehr vorteilhaft erwiesen:
50 mm, 100 mm, 150 mm sowie $66^2/_3$ mm und 75 mm, die man unter Hinzufügung einer normalen Millimeterteilung zweckmäßig auf einem sogen. Dreikantmaßstab unterbringt. Solche Maßstäbe wurden vor 1939 nach den Angaben von J. Fischer von der Firma A. Nestler, Lahr (Baden), hergestellt.

Es sei in diesem Zusammenhang auf einen sehr beachtenswerten Vorschlag von E. William hingewiesen [W 17], der statt der bisher üblichen Ausgangseinheit 1000 mm eine solche von 960 mm vorschlägt. Die Faktorenzerlegung der Zahl 960 liefert mehr ganzzahlige Werte als die Zahl 1000. Auch William empfiehlt die Unterbringung der von ihm vorgeschlagenen Teilungen auf einem Dreikantmaßstab.

Es ist klar, daß die Anwendung der logarithmischen Darstellung nicht nur auf Fälle beschränkt ist, in denen der theoretische Zusammenhang zwischen den Variablen bekannt ist. Man wird vielmehr überall auf sie zurückgreifen, wo man zwischen zwei Beobachtungsgrößen einen exponentiellen Zusammenhang vermutet und wird dann jedenfalls, wenn auch nicht eine geradlinige Darstellung, so doch stets eine die Ablesung bedeutend erleichternde Abflachung der betreffenden Kurve erreichen.

§ 13. Graphische Auflösungen von Gleichungen

Daß sich auf graphischem Wege auch die Lösungen von Gleichungen auffinden lassen, wollen wir an einem Beispiel besprechen. Es sei danach gefragt, welche Stromstärke sich einstellt, wenn eine Bogenlampe mit einem Vorschaltwiderstand an eine gegebene Spannung, etwa 110 Volt, gelegt wird. Für die Bogenlampe besteht eine bestimmte Beziehung zwischen Strom und Spannung, die sogenannte Charakteristik, die aus Beobachtungen be-

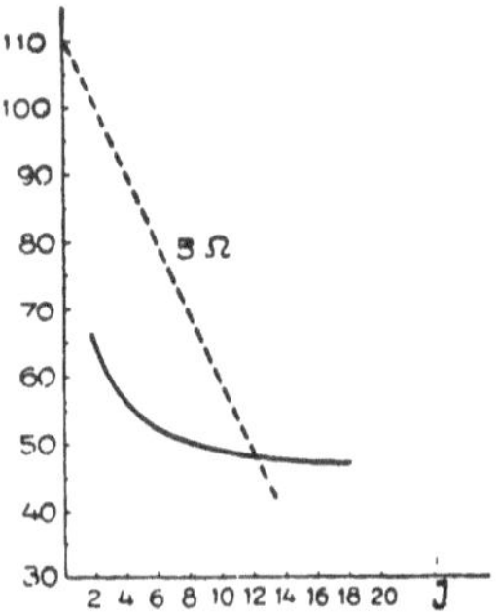

Abb. 31. Graphische Bestimmung der Stromstärke einer Bogenlampe

kannt ist. In Abb. 31 stellt die ausgezogene Kurve diese Charakteristik dar, wobei als Abszisse die Stromstärke I in Ampere, als Ordinate die Spannung V in Volt eingezeichnet ist. Eine zweite Beziehung zwischen Strom und Spannung erhalten wir aus der Überlegung, daß der Vorschaltwiderstand, der hier 5 Ohm betragen möge, je nach der Stromstärke einen gewissen Betrag, nämlich jedesmal 5 I Volt, von der Gesamtspannung für sich nimmt, so daß nur 110—5 I für die Bogenlampe übrigbleiben würden. Die Größe 110—5 I ist ebenfalls eine Funktion von I, und zwar eine lineare, so daß also ihr Abbild eine gerade Linie ist. Diese Gerade ist in Abb. 31 gestrichelt eingezeichnet. Da es sich nun darum handelt, ein Wertepaar V, I zu finden, das beiden Beziehungen zugleich genügt, so ist das gleichbedeutend damit, den Punkt zu suchen, der beiden Kurven gemeinsam angehört, d. h. ihren Schnittpunkt. Die Abbildung zeigt, daß die sich einstellende Stromstärke 12,3 Amp. betragen wird. Zeichnet man auch noch die Linien, die anderen Beträgen des Vorschaltwiderstandes entsprechen, so kann man aus derselben Figur einen Überblick gewinnen über die möglichen Werte, die die Stromstärke annehmen kann, wenn man z. B. einen regulierbaren Vorschaltwiderstand stufenweise verändert.

Nach dem im vorstehenden Gesagten kann man nun leicht verstehen, wie man auch kompliziertere Gleichungen auflösen kann. Ohne weiteres klar ist dies z. B. für Gleichungen der Form $x^n = a$. Man stellt die Funktion $y = x^n$ auf logarithmischem Papier als gerade Linie dar und ebenso die Funktion $y = a$, die natürlich auf logarithmischem ebenso wie auf gewöhnlichem Papier eine Parallele zur

Abszissenachse ist. Der Schnittpunkt dieser beiden Geraden gibt die Lösung der Gleichung.

Wir wollen nun ein komplizierteres Beispiel betrachten, bei dem man es freilich nicht mehr allein mit Geraden zu tun hat, wo aber die Geradendarstellung nach einem Verfahren von Mehmke (vgl. auch Bd. 405 dieser Sammlung) dazu verhilft, die gesuchte Funktion fast ganz ohne Rechnung zeichnen zu können. Haben wir die Funktion

$$z^3 - z^2 - 1{,}59\,z + 1{,}26 = \varphi(z) + \psi(z) = f(z),$$

so wollen wir diejenigen Werte von z suchen, für die $f(z) = 0$ wird oder $\varphi(z) = -\psi(z)$. Setzen wir

$$\varphi(z) = z^3 + 1{,}26 \qquad \text{(positive Glieder)},$$
$$\psi(z) = -z^2 - 1{,}59\,z \qquad \text{(negative Glieder)*)}$$

und tragen nun die einzelnen Glieder von $\varphi(z)$ und $\psi(z)$ auf logarithmischem Papier auf, indem wir z ein größeres

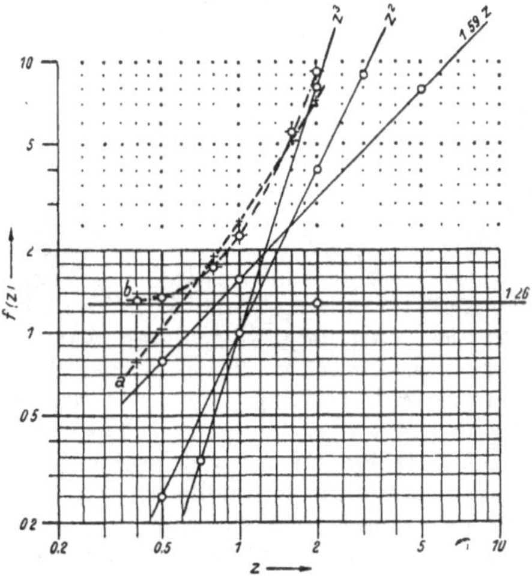

Abb. 32. Lösung einer Gleichung 3. Grades mittels Logarithmenpapier (Funktionsnetz teils als Liniennetz, teils als Punktnetz)

*) $f(z)$ kann auch nach irgendeinem anderen Prinzip in zwei Funktionen zerlegt werden.

Werteintervall durchlaufen lassen, so erhalten wir die vier geraden Linien Abb. 32. Auf der Teilung des Logarithmenpapiers können wir in jedem Punkte den Numerus direkt ablesen. Addieren wir für irgendeinen Wert von z die zwei abgelesenen Numeri, die zusammengehören, so erhalten wir einen Wert von $\varphi(z)$ und einen von $-\psi(z)$ für den betreffenden Wert von z. Für $z = 2$ haben wir z. B.

$$\begin{aligned} \text{Num lg } z^2 &= 4 \\ \text{Num lg } 1{,}59\, z &= \underline{3{,}18} \\ & \quad 7{,}18 \text{ (rund } 7{,}2); \end{aligned}$$

der Punkt lg 7,2 ist also ein Punkt des logarithmischen Bildes der Größe $-\psi(z)$. Ebenso erhalten wir für $z = 2$

$$\begin{aligned} \text{Num lg } z^3 &= 8 \\ \text{Num lg } 1{,}26 &= \underline{1{,}26} \\ & \quad 9{,}26 \text{ (rund } 9{,}25). \end{aligned}$$

Setzen wir dies Verfahren für eine Anzahl von Werten fort, so erhalten wir so viele Punkte für die Funktionen $\varphi(z)$ und $-\psi(z)$, als wir brauchen, um die beiden punktierten Kurven *a* und *b* zu zeichnen. In dem Schnittpunkt ist $\varphi(z) = -\psi(z)$, also sind die Abszissenwerte z (0,7 und 1,5) dieser Schnittpunkte die positiven Lösungen der Gleichung. Will man die negativen Lösungen finden, so setzt man für z den Wert $(-z)$ ein, so daß die Gleichung lautet:

$$-z^3 - z^2 + 1{,}59\, z + 1{,}26 = f(-z),$$

und wiederholt das beschriebene Verfahren. Es ist klar, daß es an sich auch möglich gewesen wäre, die Funktionen $\varphi(z)$ und $-\psi(z)$ in gleichförmiger Skala auf gewöhnlichem Koordinatenpapier zu zeichnen; auch dies hätte zum gleichen Resultat geführt. Die logarithmische Methode hat aber den Vorteil, daß man wegen der geradlinigen Form der Exponentialglieder fast gar nicht zu rechnen braucht und es möglich ist, ein großes Werteintervall auf kleinem Raum darzustellen, was besonders bei steil parabelartig verlaufenden Kurven in gleichförmiger Skala nicht möglich ist. Die gewonnenen Wurzeln sind natürlich nur Näherungswerte, aus denen man leicht auf graphischem Wege oder durch eins der bekannten Näherungsverfahren genauere Werte ermitteln kann [M 8, M 9, P 6, Sch 14, Sch 15, Sch 17].

§ 14. Die projektive Teilung und die projektive Verzerrung

Von ähnlicher Wichtigkeit wie die logarithmische Skala, aber in der Praxis bis jetzt noch viel zu wenig angewendet, ist die projektive Skala, die wir im folgenden etwas ausführlicher behandeln wollen.

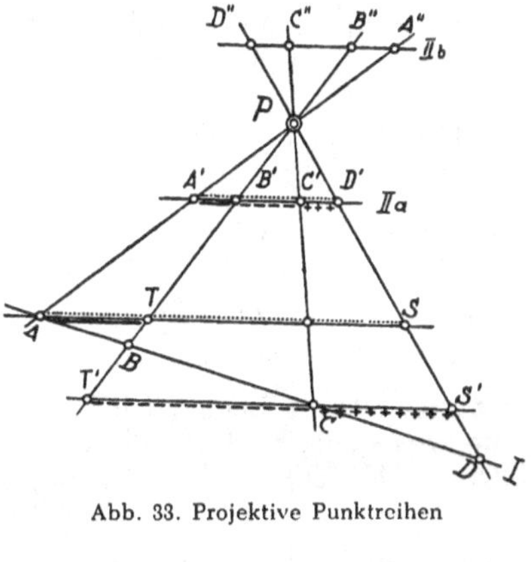

Abb. 33. Projektive Punktreihen

Zwei Punktreihen A, B, C, D auf I und A', B', C', D' auf $II\,a$ (bzw. A'', B'', C'', D'' auf $II\,b$ Bild 33) nennt man projektiv verwandt, wenn man die eine $A, B,$ aus der anderen A', B' ... herleiten kann! Verbindet man nämlich die Punkte $A \ldots D$ auf I mit den entsprechenden $A' \ldots D'$ auf $II\,a$ (bzw. $A'' \ldots B''$ auf $II\,b$), so gehen diese Strahlen, wie man sieht, durch einen Punkt P, wobei es gleichgültig ist, ob der Punkt P zwischen den Geraden I, $II\,b$ oder neben I, $II\,a$ liegt. Nun lassen sich durch A und C folgende Doppelverhältnisse bilden:

$$\frac{D'C'}{C'B'} = \frac{S'C}{CT'} \text{ und } \frac{D'A'}{B'A'} = \frac{SA}{TA}. \qquad (7)(8)$$

Durch Division ergibt sich

$$\frac{D'C'}{C'B'} : \frac{D'A'}{B'A'} = \frac{S'C}{CT'} : \frac{SA}{TA}$$

$$\frac{S'C}{SA} \cdot \frac{TA}{CT'} = \frac{CD}{AD} \cdot \frac{BA}{BC} = \frac{DC}{CB} : \frac{DA}{BA}. \qquad (9)$$

Aus der Fig. 33 kann man weiter ablesen:

$$\frac{\frac{S'C}{SA}}{\frac{CT'}{TA}} = \frac{\frac{CD}{AD}}{\frac{BC}{AB}};$$ durch Umformung ergibt sich

$$\frac{S'C}{CT'} : \frac{SA}{TA} = \frac{CD}{BC} : \frac{AD}{AB}.$$

Setzen wir für die linken Glieder der Gleichung die linken Glieder von (7) und (8) ein, dann ergibt sich:

$$\frac{C'D'}{B'C'} : \frac{A'D'}{A'B'} = \frac{CD}{BC} : \frac{AD}{AB},$$

und wir erkennen, daß sich beide Gleichungen nur durch die Indizes unterscheiden. Man schreibt diesen Satz auch kurz $(ABCD) = (A'B'C'D')$. In Worten besagt dieser Ausdruck:

Projiziert man vier Punkte einer Geraden zentral von einem Punkt P auf eine andere Gerade, so bleibt das Doppelverhältnis dasselbe. Dies läßt sich aus der Kombination der Sätze des Menelaus und Ceva nachweisen, worauf in diesem Rahmen nicht näher eingegangen werden soll. Siehe auch [K 3; L 4], sowie Göschenbändchen 51, O. Th. Bürklen und F. Ringleb, Mathemat. Formelsammlung. 6. erw. Aufl. S. 72/73.

Dieses Resultat können wir nun mit unserer Gleichung (13) in Verbindung bringen. Haben wir nämlich, wie in Abb. 34, eine Skala mit dem Anfangspunkt O, und sind die Entfernungen OA, OB, OC und OD Funktionen einer Größe x, so können wir die Punkte A, B, C, D durch die Funktionswerte $f(x_1)$, $f(x_2)$, $f(x_3)$ und $f(x_4)$ darstellen. Es ist also z. B. $AC = f(x_1) - f(x_3)$, $AD = f(x_1) - f(x_4)$ usw. Bildet

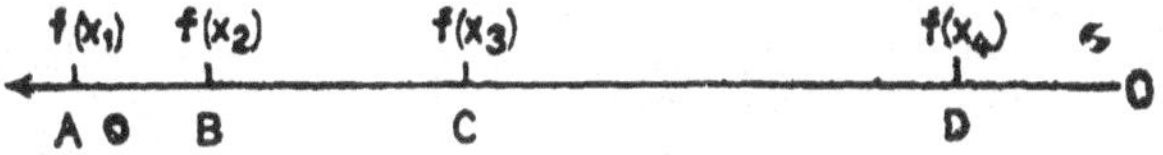

Abb. 34. Funktionswerte als Punktreihe

man also das Doppelverhältnis ($ABCD$) gemäß Gleichung (9), so ist dieses:

$$(10) \qquad \frac{f(x_1) - f(x_3)}{f(x_2) - f(x_3)} : \frac{f(x_1) - f(x_4)}{f(x_2) - f(x_4)}.$$

Haben wir nun eine Funktion

$$F(x) = \frac{mf(x) + n}{pf(x) + q}$$

und stellen diese ebenso wie vorher $f(x)$ als Punktreihe dar, so ist, wenn wieder $F(x_1)$, $F(x_2)$, $F(x_3)$ und $F(x_4)$ vier Werte dieser Funktion sind, das Doppelverhältnis der hierdurch festgelegten Punktreihe:

$$(11) \qquad \frac{F(x_1) - F(x_3)}{F(x_2) - F(x_3)} : \frac{F(x_1) - F(x_4)}{F(x_2) - F(x_4)}.$$

Setzen wir nun für $F(x_1)$ den Wert $\frac{mf(x_1) + n}{pf(x_1) + q}$ usw. für alle vier Werte, so ergibt sich durch ein einfaches Einsetzen dieser Werte in den Ausdruck (11) und Streichen der sich weghebenden Produkte wieder der Ausdruck (10), d. h. also, das Doppelverhältnis der durch $F(x)$ dargestellten Punktreihe ist das gleiche wie das der durch $f(x)$ dargestellten, oder zwei in derartiger arithmetischer Verwandtschaft stehende Funktionen wie $F(x)$ und $f(x)$ können graphisch voneinander durch Zentralprojektion abgeleitet werden.

Der analytische Ausdruck für Punktreihen

$$y_\nu = f(x_\nu) \quad (\nu = 1, 2, 3, \ldots n), \qquad (12)$$

die man durch Projektion ineinander überführen kann, lautet

$$\frac{ax_\nu + b}{cx_\nu + d};$$

d. h., setzt man beliebige Werte für a, b, c, d ein, wobei aber die Bedingung eingehalten werden muß, daß $ad - bc$ nicht gleich Null werden darf, und verbindet die Punkte, die gleichnamigen „x_ν" entsprechen, auf den verschiedenen Skalen durch gerade Linien, so führen alle diese Linien durch einen Punkt, den „Pol". [Graphisches Rechnen, RKW-Veröffentl. Nr. 23, Berlin 1928, S. 105, Bild 65.]

Will man demnach die Funktion

$$y = \frac{ax + b}{cx + d}$$

in Form einer Skala darstellen, so berechnet man für mindestens zwei Wertepaare, noch besser jedoch für drei oder vier, die Lage der Punkte auf der Punktstrecke, legt eine Gerade mit gleichförmig geteilter Skala unter einem geeigneten Winkel an und verbindet die sich entsprechenden Punkte. Die Verbindungsgeraden schneiden sich im Projektionspunkt P, der nun dazu dient, die übrigen Punkte auf der gleichförmigen Skala I zu gewinnen. Je nach Wahl des Winkels α zwischen I und II liegt P zwischen oder außerhalb von I und II. Wir wollen zunächst einige Vereinfachungen treffen.

Wenn wir in (12) $a = 0$, $b = 1$, $c = 1$ und $d = 0$ machen, erhalten wir die sog. Reziprokskala (Kehrwertskala) $y = \frac{1}{x}$.

Wir berechnen drei Werte, z. B. $x = 0{,}25$ $\quad y = 4$
$\qquad = 1{,}0 \quad = 1{,}0$
$\qquad = 2{,}0 \quad = 0{,}5.$

Alsdann zeichnen wir eine Gerade x mit gleichförmiger Teilung und legen unter einem Winkel α durch den Punkt $x = 1$ eine zweite Gerade y mit einer ebenfalls gleichförmigen Teilung (Abb. 35). Beide Geraden haben den Punkt 1 gemeinsam, natürlich hätten wir ebensogut einen anderen Punkt nehmen können, etwa $x = 2$, $y = 0{,}5$. Wir verbin-

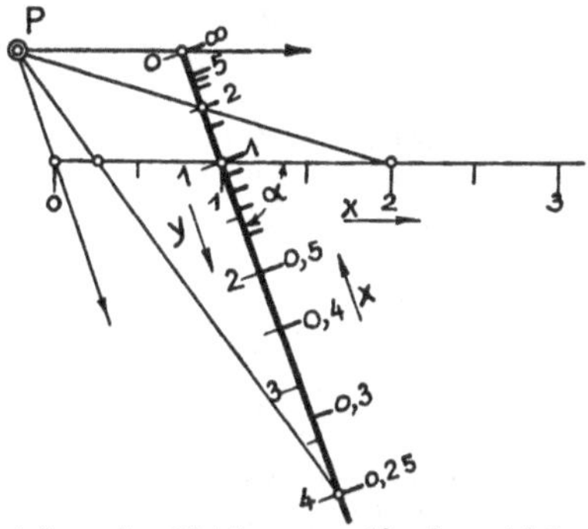

Abb. 35. Darstellung der Gleichung y = 1/x als projektiv geteilte Skala und ihre Konstruktion

den nun Punkt 0,25 auf x mit 4 auf y sowie 2 auf x mit 0,5 auf y, der Schnittpunkt beider Geraden ist der Pol P. Ziehen wir jetzt von P aus Strahlen durch die Punkte der Geraden x, so schneiden diese Strahlen die Gerade y in den gesuchten Punkten. Eine Kontrolle der Richtigkeit ergibt sich durch Wahl besonderer Werte. So ergibt sich z. B. für $y = 0$ ein $x = \infty$. Dieser Punkt ist zugleich Endpunkt der Reziprokskala. Die Verbindung von P nach $x = \infty$ muß eine Parallele zu x sein. Der Leser möge die Reziprokskala durch Hinzunahme weiterer Werte vervollständigen. Auch die Funktion $y = \frac{n}{x^2}$ läßt sich projektiv darstellen. Es ist $a = 0$, $b = n$, $c = 1$ und $d = 0$.

Nun ersetzen wir x^2 durch X, dann lautet die Funktion $y = \frac{n}{X}$. Fall $\frac{x}{x+1}$ ist in den Ausführungen enthalten, wenn man in (12) $a = 1$, $b = 0$, $c \rightleftharpoons 1$ und $d = 1$ setzt.

Oder wir haben die Funktion $\lg y = \frac{1}{n + x}$ vor uns, darin ist $a = 0$, $b = 1$, $c = 1$ und $d = n$. Wir setzen $n = 2$, lassen x von 0 bis 10 gehen und berechnen drei Werte:

$$\begin{aligned} x &= 0 \qquad & \lg y &= 0{,}50 \\ &= 2 & &= 0{,}25 \\ &= 8 & &= 0{,}10. \end{aligned}$$

Als Sonderwerte vermerken wir:

$$x \to \infty \qquad \lg y = 0 \qquad \text{sowie } x = o \qquad \lg y = 0{,}5$$

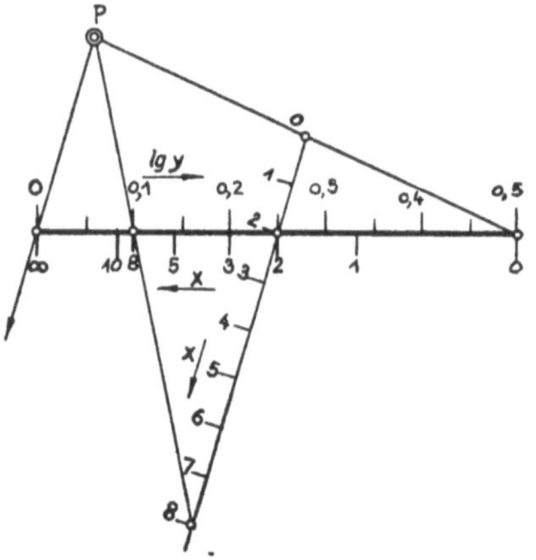

Abb. 36. Darstellung der Gleichung lg v = 1 / (n + x) als projektiv geteilte Skala und ihre Konstruktion

Ganz allgemein können wir schreiben

$$f(y) = \frac{a \cdot f(x) + b}{c \cdot f(x) + d}. \tag{13}$$

Wir wollen nun noch eine Skala darstellen, bei der Werte in projektiver Form dargestellt werden, die unter normalen Verhältnissen nicht mehr erfaßt werden würden, weil sie über das im allgemeinen zur Verfügung stehende Zeichenformat hinausgehen würden. Als Formel für unser Beispiel wählen wir die in diesem Büchlein schon in vielerlei Gestalt behandelte Gleichung zweiten Grades

$$u^2 + v^2 = w^2. \tag{14}$$

Wenn man diese Skala zeichnet, erkennt man bald, daß bei steigenden Werten von u und v die Teilstrichabstände von Wert zu Wert schnell größer werden, sie „laufen weg". Hier hilft uns die projektive Darstellung, die es uns erlaubt, drei willkürlich zu wählende Punkte an eine bestimmte Stelle zu bringen.

Wir wollen eine solche Skala einmal genau aufzeichnen.

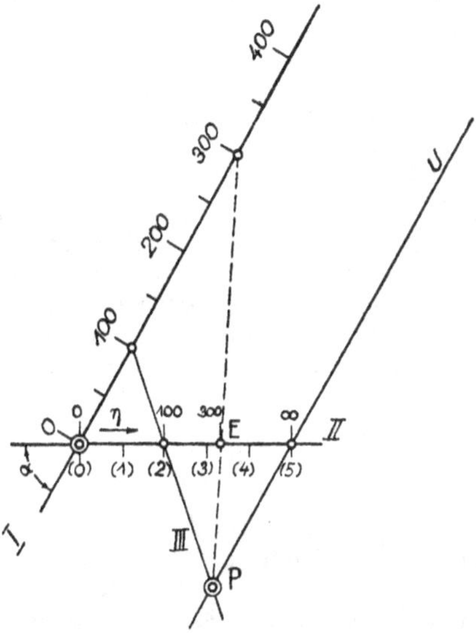

Abb. 37. Konstruktion der Leiter für die Gleichung $\eta = 5y/(y + 150)$

Zu diesem Zweck führen wir drei Punkte in eine gewünschte Lage auf der neuen, projektiv zu teilenden η-Leiter über:

1. Punkt $y = 0$ soll im η-System an der Stelle $\eta = 0$ liegen,
2. Punkt $y = 100$ soll im η-System an der Stelle $\eta = 2$ liegen,
3. Punkt $y = +\infty$ soll im η-System an der Stelle $\eta = 5$ liegen.

Um diese Leiter zu konstruieren, denken wir daran, daß wir zweckmäßig die beiden Leitern (die ursprüngliche y-Leiter mit der gleichförmigen Teilung und die neue η-Leiter) in einem der unter 1. bis 3. genannten Punkte zum Schnitt bringen. Wir ziehen in unserem Beispiel (Abb. 37, Fall 1) also unter einem beliebigen Winkel α durch den Nullpunkt der gleichförmigen Skala I eine Gerade II, die spätere η-Leiter. Dann markieren wir in der Entfernung von 2 bzw. 5 Einheiten vom Nullpunkt auf dieser die Punkte 2 und 5. (In Abb. 37 sind die Zahlen in Klammern gesetzt.) Nunmehr verbinden wir den Punkt 100 auf I mit 2 auf II (Gerade III) und ziehen eine Parallele U durch 5 auf II zu I gemäß der Forderung 3. Der Schnittpunkt mit III ist das Projektionszentrum P. Jetzt können wir alle Werte von I auf II projizieren, z. B. 300. Der Strahl von 300 auf I schneidet bei Verbindung mit P die η-Leiter im Punkte E in einer Entfernung von 3,33 Einheiten vom Nullpunkt. Natürlich lassen sich diese Werte auch berechnen. Der vorliegenden η-Leiter liegt die Formel zugrunde:

$$\eta = \frac{5\,y}{y + 150}. \tag{15}$$

Dies ist die vereinfachte Form der auf Seite 61 stehenden Formel für projektive Teilungen. Setzt man $m = 5$, $n = 0$, $p = 1$ und $q = 150$, dann erhält man (15). Durch Einsetzen der y-Werte ergeben sich die entsprechenden η-Werte. Der Leser konstruiere sich weitere Punkte und prüfe ihre Lage durch Nachmessen und Berechnen.

Eine Frage ist aber noch offen und bedarf der näheren Erläuterung:

Welchen Einfluß hat die Wahl der Beiwerte a, b, c und d? Wir wollen an einer Reihe einfacher geometrischer Konstruktionen dies näher untersuchen und ändern zunächst einmal unsere Formel (15) etwas ab durch Hinzufügen des Wertes $b = 300$

$$\eta = \frac{5\,y + 300}{y + 150}. \tag{16}$$

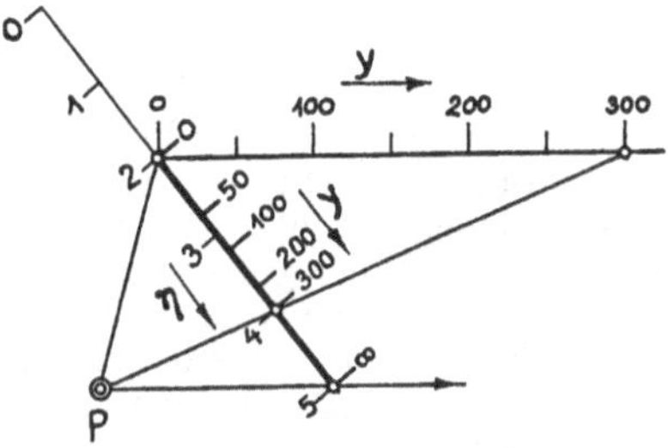

Abb. 38. Konstruktion der Leiter für die Gleichung
$\eta = 5y + 300 / (y + 150)$

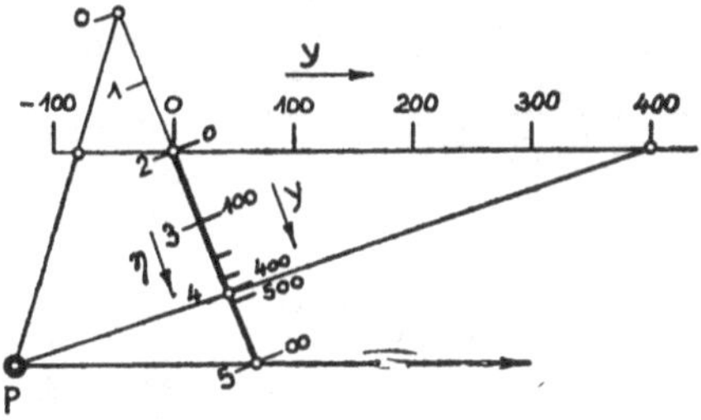

Abb. 39. Konstruktion der Leiter für die Gleichung
$\eta = 5y + 400 / (y + 200)$, wobei $y = 100$ mit $\eta = 2$ zur Deckung kommt

Nach Berechnung einiger bemerkenswerter Punkte führen wir die Konstruktion durch (Abb. 38)

$$\begin{aligned} y &= 0 & \eta &= 2 \\ &= \infty & &= 5 \\ &= 300 & &= 4. \end{aligned}$$

Wir schließen gleich noch eine ähnliche Formel an:

$$\eta = \frac{5y + 400}{y + 200}, \tag{17}$$

die Abb. 39 ergibt, und bemerken dazu folgendes:

Diese Formel unterscheidet sich von (16) durch die Werte $b = 400$ und $d = 200$ gegenüber $b = 300$ und $d = 150$. Beiden gemeinsam ist offenbar

$$\frac{a}{c} = 5 \text{ und } \frac{b}{d} = 2.$$

Wir wollen uns nun einmal die Anordnung der Funktionsteilung ansehen. Bei Abb. 37 beginnt die Leiter mit $\eta = 0$ im Werte $y = 0$, dagegen liegt bei Abb. 38 und Abb. 39 der Wert $\eta = 2$ in $y = 0$ der gleichförmigen Teilung, die η-Leiter beginnt also schon vorher. Um zu zeigen, daß wir die gleiche Teilung auf η erhalten, wenn andere Punkte als $y = 0$ und $\eta = 2$ zusammenfallen, fügen wir Abb. 40 an, bei der die Werte $y = 100$ der gleichförmigen Teilung und $\eta = 3$ zusammenfallen, unter Beibehaltung gleicher Maßstäbe für beide Bilder. Wir erhalten die gleiche Skalenstruktur, wie wir die Anordnung und Verteilung der Teilstriche einer Skala nennen, wie in Abb. 39.

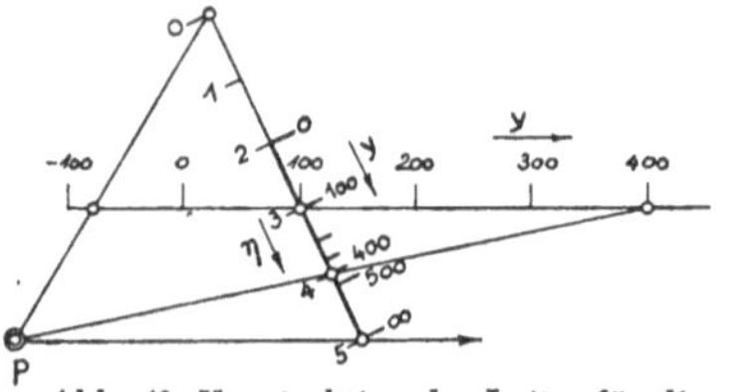

Abb. 40. Konstruktion der Leiter für die Gleichung $\eta = 5y + 400 / (y + 200)$, wobei $y = 100$ mit $\eta = 3$ zur Deckung kommt

Und noch eine weitere Funktion wollen wir für unsere Betrachtungen heranziehen. Setzen wir $b = 20$ und $d = 10$, dann lautet unsere Formel jetzt

$$\eta = \frac{5y + 20}{y + 10}, \tag{18}$$

wobei wir darauf aufmerksam machen, daß der Quotient $\frac{b}{d} = 2$ ist, also wie bei den vorher behandelten Formeln (Abb. 41). Betrachten wir jetzt die Struktur der Teilung, so fällt uns auf, daß bei Abb. 38, 39 und 40 die Bereiche der Hunderter gut dargestellt sind, in Abb. 41 dagegen der gut abzulesende Bereich offenbar mehr bei den kleineren Werten liegt, also etwa zwischen $y = 2 \ldots 50$. Wie der Leser mit Recht vermutet, hängt dies mit der Wahl von b und d zusammen. Wir sind also durch entsprechende

Wahl von b und d imstande, bestimmte Bereiche bevorzugt darzustellen. Dies ist für die nomographische Praxis von außerordentlicher Bedeutung. Die Lage der Punkte $y = \infty$ auf η ist das Ergebnis der Wahl von a und c. Aber man kann sich vorstellen, daß es für den Ungeübten schwierig ist, die Größen von a, b, c und d etwa durch Probieren so zu wählen, daß die Struktur der Skala, ihr Anfang und ihr Ende bestimmten Bedingungen genügen.

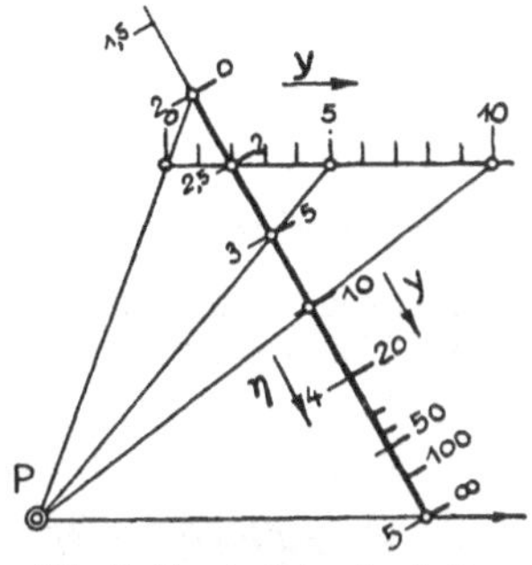

Abb. 41. Konstruktion der Leiter für die Gleichung $\eta = 5\,y + 20\,/\,(y + 10)$

Häufiger als der Fall, daß alle Werte von 0 bis ∞ für irgendeine Größe in projektiver Skala dargestellt werden sollen, ist der Fall, daß es nur auf einen b e g r e n z t e n Bereich ankommt. Die Herstellung einer derartigen Skala wird im folgenden an einem praktischen Beispiel behandelt. Wird mit E_λ die Strahlungsenergie eines Körpers bei einer bestimmten Wellenlänge im sichtbaren Gebiet bezeichnet und mit T die absolute Temperatur, d. h. $t^\circ\,C + 273^\circ$, so besteht ein Zusammenhang zwischen diesen beiden Größen, welcher die Form hat: $\log E_\lambda = a + \frac{b}{T}$, wo a und b konstante Größen sind. Eine graphische Darstellung der Größen E_λ und T wird daher nach der vorher auseinandergesetzten Methode zweckmäßig so erfolgen, daß man E_λ in logarithmischer Skala aufträgt und T in der Skala $1 : T$. Führt man dann für $\log E_\lambda$ die Größe η und für $\frac{1}{T}$ die Größe ξ ein, so ist $\eta = a + b\xi$, d. h. wir haben die von uns stets gesuchte und bevorzugte lineare Form. Nun ist die Skala $1 : T$ projektiv verwandt mit der gewöhnlichen regulären Skala T, denn setzen wir in der Gleichung (13) $a = 0$, $b = 1$, $c = 1$, $d = 0$ und $f(x) = x$, so wird $F(x) = \frac{1}{x}\cdot$ Es muß also bei der Kenntnis von drei zusammengehörigen Wertepaaren von T und $\frac{1}{T}$ möglich sein, die Skala $\frac{1}{T}$ in dem gewünschten Intervall einfach durch Projektion abzuleiten. Die Grenzen, für welche die Darstellung ausgeführt werden soll, seien $T = 1000°$ absolut bis $T = 2000°$ absolut. Ferner sei die Länge der Skala $\frac{1}{T}$ dadurch festgelegt, daß sie ebenso lang sein soll wie die der Skala T. In Abb. 42 ist

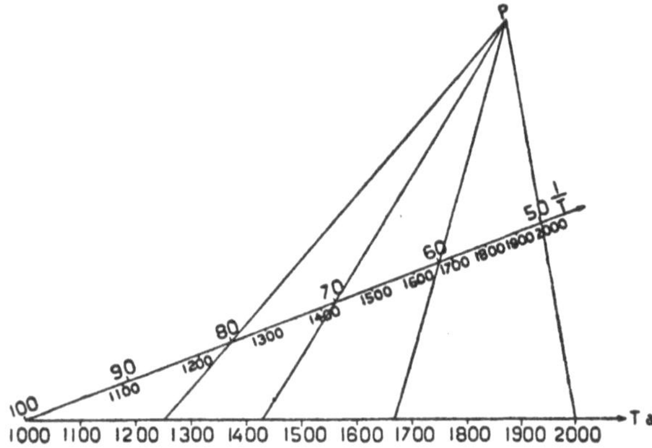

Abb. 42. Projektive Konstruktion der Skala $\frac{1}{T}\cdot$

die Skala T von 100° zu 100° gleichförmig geteilt und insgesamt etwa 65 mm lang. Dem Anfangspunkt 1000° werde willkürlich der Anfangspunkt der $\frac{1}{T}$ Skala $(100 \cdot 10^{-5})$ zugeordnet, ebenso dem Endpunkt 2000° der Endpunkt der $\frac{1}{T}$ Skala $(50 \cdot 10^{-5})$. Die Endpunkte wurden durch einen

Strahl verbunden, welcher bis zum Schnittpunkt P mit einem andern Strahl, der auch zwei zusammengehörige Punkte verband, verlängert wurde. Zwei solcher zusammengehöriger Punkte sind z. B. $T = 1250°$ und $\frac{1}{T} = 80 \cdot 10^{-5}$. Es sind ferner noch die Strahlen mit eingezeichnet, welche die Wertepaare

$$T = 1665, \frac{1}{T} = 60 \cdot 10^{-5} \text{ und } T = 1430, \frac{1}{T} = 70 \cdot 10^{-5}$$

verbinden. Alle diese Strahlen gehen, wie vorher schon bewiesen, durch denselben Punkt P. Hat man einmal den Projektionspunkt P mit Sicherheit festgelegt, so braucht man nunmehr nichts weiter zu tun, als alle Teilungspunkte der gleichförmigen Skala T mit P zu verbinden. An die Stelle, wo die Verbindungsgeraden die obere Skala schneiden, werden die gleichen Zahlen angeschrieben, die an der Stelle stehen, von der der Strahl ausgeht, wie dies in Abb. 42 zu sehen ist. Wir haben dann graphisch die Skala $\frac{1}{T}$, aber wie wir es auch bei anderen Funktionsskalen getan haben, nicht mit der Bezifferung für $\frac{1}{T}$, die uns nicht interessiert, sondern mit der Bezifferung für T oder $t = T - 273°$ C. In der Abb. 42 ist die Teilung nur von 100 zu 100° durchgeführt. Es hindert natürlich nichts, sie von 10 zu 10° oder bei größeren Maßstäben noch feiner zu zeichnen. Man hat dann auch bei der regulären Skala T eine feinere Unterteilung zugrunde zu legen und alle Skalenpunkte, die in der projektiven Skala erscheinen sollen, mit P zu verbinden. Im Falle des vorliegenden Beispiels würde man die Skala $\frac{1}{T}$ in Koordinatenpapier mit logarithmisch geteilter Ordinate und gleichförmig geteilter Abszisse als Abszisse einzeichnen und hätte dann nur die Beobachtungen für E_λ und T direkt ohne Umrechnung einzutragen. Ist die Richtung der den Zusammenhang zwischen den beiden Größen bestimmenden Geraden einmal bekannt und handelt es sich nur noch um Ablesung zusammengehöriger Wertepaare, so wird man, ebenso wie wir es früher gesehen haben, eine Doppelskala entwerfen, die auf der einen Seite logarithmisch, auf der anderen Seite projektiv nach $\frac{1}{T}$ geteilt ist.

Für die Herstellung der projektiven Skala hat es natürlich gar keinen Einfluß, ob die eine oder andere der Konstanten in der Gleichung (13) den Wert 0 oder 1 annimmt oder ob sie sämtlich irrationale Werte haben. Der Fall $F(x) = \frac{mx + n}{px + q}$ ist genau der gleichen Behandlung zugänglich wie der Fall $F(x) = \frac{1}{x}$. Auch da berechnet man sich drei Wertepaare x und $F(x)$ und führt die Konstruktion in derselben Weise durch.

Ebenso wie eine gleichförmige Skala, so kann auch jede andere Skala benutzt werden, um eine projektive Skala daraus zu konstruieren. So wird z. B. die Funktion $\frac{1}{x^2}$ dadurch dargestellt werden, daß man erst die quadratische Skala x^2 zeichnet und aus ihr durch Projektion die Funktion $\frac{1}{x^2}$ ableitet. Derartige Funktionen wie $\frac{1}{x^2}$, $\frac{1}{x^3}$ usw. kommen bei der Betrachtung mechanischer und magnetischer Anziehungskräfte in der Praxis häufig vor.

Es ist hier zu bemerken, daß die Herstellung von projektiv geteilten Koordinatenpapieren, wie man sie zur Darstellung von Dispersionskurven in der Optik (Hartmannsches Dispersionspapier, Schleicher & Schüll) verwenden kann, zwar für spezielle Fälle hier und da zu empfehlen ist, daß es aber im allgemeinen gerade bei projektiven Zusammenhängen praktisch ist, das Doppelskalenprinzip den graphischen Darstellungen zugrunde zu legen und sich die projektiven Skalen, die man braucht, selbst zu konstruieren. Denn ein geteiltes Koordinatenpapier kann immer nur eine einzige Auswahl von Konstanten *mnpq* in der Gleichung $F(x) = \frac{mf(x) + n}{pf(x) + q}$ wiedergeben, so daß jedes solches Papier nur für einen einzigen Fall brauchbar ist. Die Selbstherstellung einer Doppelskala dagegen, die, wie oben gezeigt, verhältnismäßig wenig Mühe macht, paßt sich von selbst den Konstanten eines jeden Problems an.

So kann man z. B. die Wellenlängeneichung eines Spektralphotometers nach Nernst-König mit Vorteil in einer derartigen Skala niederlegen. Der Zusammenhang zwischen der Mikrometerablesung φ an der Verschiebung der Prismenoptik und der Wellenlänge hat nach Hartmann die Form $\varphi = \varphi_0 + \frac{c}{(\lambda - \lambda_0)^a}$, wo φ_0, c, λ_0 und a Konstante sind, von denen a sehr nahe gleich 1 ist. Der Zusammenhang ist also mit guter Annäherung ein projektiver. Mißt man daher an dem zu eichenden Apparat die Werte von φ für drei bekannte Wellenlängen (z. B. die drei starken Quecksilberlinien), so kann man die zu einer regulären φ-Skala gehörige Wellenlängenskala durch Zentralprojektion einer gleichförmigen Teilung konstruieren. Auf diese Weise ist die in Abb. 43 wiedergegebene Doppelskala gefunden worden, aus der man nun für jede beliebige Prismenstellung φ die Wellenlänge ablesen kann.

Aus allen bisher behandelten Ausführungen über die Konstruktion projektiver Skalen geht hervor, daß das zeichnerische Verfahren manchmal etwas umständlich ist, besonders dann, wenn man mehrere Teilungen auszuführen hat. Wir wollen deshalb im nachfolgenden unter Verwendung unseres Beispiels auf S. 46 (Formel (5)) einen analytischen Weg zeigen und diesen schrittweise erläutern (b = 1).

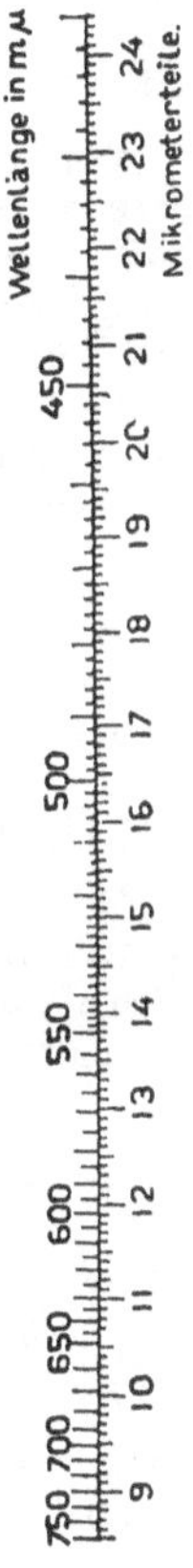

Abb. 43. Skala für Wellenlängenablesung am Spektralphotometer

Mit Hilfe der projektiven Verzerrung gelingt es, die Leitertafel gleichsam analytisch so zu photographieren, daß alle Punkte, auch die unendlich fernen, in die Zeichenebene herein geholt werden. Man denke sich z. B. die Schwellen einer geraden Eisenbahnstrecke photographiert: Die Schwellenabstände werden auf der Photographie immer geringer, die Schienen treffen sich im unendlich fernen Fluchtpunkt. Was bedeutet dies geometrisch?

Wir haben uns von der Ebene, in der die Eisenbahnstrecke liegt, ein anderes Bild verschafft, das aber wieder auf eine Ebene abgebildet wurde. Einer Definition der projektiven Geometrie zufolge nennt man Ebenen: Grundgebilde zweiter Stufe. Nun können wir die Geländeebene und die Bildebene ebenfalls als Grundgebilde zweiter Stufe ansehen, dann gilt hier der Satz aus der projektiven Geometrie:

Sind zwei Grundgebilde zweiter Stufe derart umkehrbar eindeutig aufeinander bezogen, daß jedem Grundgebilde erster Stufe in dem einen, projektiv wieder ein solches in dem anderen Grundgebilde zweiter Stufe entspricht, dann sind die Grundgebilde aufeinander kollinear abgebildet [M 11, Sch 19].

Denken wir uns in unserer Gelände- und Bildebene die Punkte durch rechtwinklige Koordinaten festgelegt, so läßt sich diese kollineare Beziehung zwischen beiden Ebenen durch folgende Formeln ausdrücken:

$$\xi = \frac{a_{11}x + a_{12}y + a_{13}}{a_{31}x + a_{32}y + a_{33}}, \tag{19a}$$

$$\eta = \frac{a_{21}x + a_{22}y + a_{23}}{a_{31}x + a_{32}y + a_{33}}. \tag{19b}$$

(Zur Ableitung dieser Formeln müssen wir auf das umfangreiche Schrifttum über Projektive Geometrie verweisen, z. B. [L 8; P 14; Z 1].)

Die Koordinaten der Geländeebene sind x und y, diejenigen der Bildebene ξ und η. Die Gleichungen enthalten in dieser allgemeinen Form neun zu bestimmende Konstanten $a_{11} \ldots . a_{33}$. In diesen Gleichungen sind zunächst nur x und y bekannt, da dies die Koordinaten derjenigen Punkte des Nomogramms sind, deren Lage man in bestimmter Weise verändern will. Die neun Koeffizienten $a_{ik} \ldots (i,\ k = 1{,}2$ und $3)$, die einzeln berechnet werden müssen, lassen sich auf acht reduzieren, indem man Zähler und Nenner durch einen dieser Koeffizienten dividiert, der jedoch nicht Null sein darf (z. B. $a_{33} = 1$). Wenn sich dieser Vorschlag bisher in den meisten Fällen bewährt hat, so wird man in der nomographischen Praxis doch darauf achten, ob man nicht durch Wahl eines anderen Wertes eine im Ansatz vorhandene Konstante vereinfachen kann, wodurch sich auch die Weiterrechnung vereinfacht. Nach erfolgter Division stehen für die Berechnung der Verzerrung acht Gleichungen mit acht noch unbekannten Koeffizienten zur Verfügung, die sich aber nunmehr mit Hilfe dieser Gleichungen berechnen lassen. Nun ist die kollineare Beziehung zwischen Gelände- und Bildebene dann vollständig bestimmt, wenn zu vier Punkten der einen Ebene die Lage der vier entsprechenden Punkte der anderen Ebene gegeben sind, es dürfen von den vier Punkten allerdings keine drei in einer Geraden liegen. Dadurch ist es möglich, bedeutsame und vereinfachende Forderungen an das endgültige Nomogramm zu stellen.

Nun zurück zu unserem Nomogramm: Wir wünschen, der ursprünglichen Darstellung $u^2 + v^2 = w^2$ eine Form zu geben, bei der sich die Bereiche bis etwa $u = 20$ gut ablesen lassen. Die ursprüngliche Lage des Nomogramms im xy-Koordinatensystem ist in Abb. 44 oben links angedeutet. Die einzelnen Schritte sind dort noch besonders durch Ziffern im Kreis hervorgehoben. Zuerst wünschen wir z. B., daß der Koordinatenanfangspunkt fest bleiben soll, d. h. $x = 0$, $y = 0$ soll im neuen Nomogramm entsprechen $\xi = 0$, $\eta = 0$.

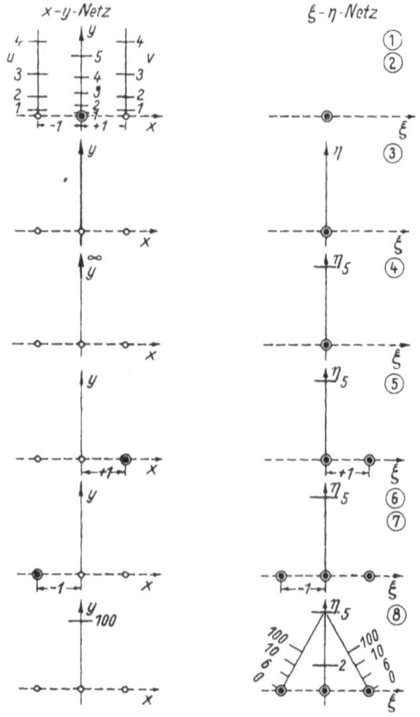

Abb. 44. Durchführung einer projektiven Verzerrung nach analytischer Methode; schematische Darstellung der einzelnen Schritte

Wir setzen also diese Werte für x und y in die Gleichungen ein und erhalten

1. $\xi = \frac{a_{11} \cdot 0 + a_{12} \cdot 0 + a_{13}}{\text{Nenner}} = 0$ ergibt $a_{13} = 0$ ①

2. $\eta = \frac{a_{21} \cdot 0 + a_{22} \cdot 0 + a_{23}}{\text{Nenner}} = 0$ ergibt $a_{23} = 0$. ②

(Jetzt über zwei Freiheitsgrade verfügt.)

Nächste Forderung:

3. Senkrechte Line soll senkrecht bleiben
$x = 0, \xi = 0$

$$0 = \frac{a_{11} \cdot 0 + a_{12} \cdot y}{\text{Nenner}} \qquad a_{12} = 0. \qquad ③$$

(Jetzt über drei Freiheitsgrade verfügt.)

4. Es soll weiter sein:
Wenn $y \to \infty$ soll $\eta = 5$ werden.

Ansatz:
$$5 = \frac{a_{21} \cdot 0 + a_{22} \cdot y}{a_{31} \cdot 0 + a_{32} \cdot y + a_{33}}$$
$$= \frac{a_{22}}{a_{32} + \frac{a_{33}}{y}}.$$

Dieser Ausdruck strebt nach $\frac{a_{22}}{a_{32}}$, demnach erhalten wir

$$a_{22} = 5 \cdot a_{32}. \qquad ④$$

(Jetzt über vier Freiheitsgrade verfügt.)

5. und 6. Wir fordern außerdem:
$x = 1 \quad \xi = 1$ und $y = 0 \quad \eta = 0$ und setzen an

$$1 = \frac{a_{11} \cdot 1}{a_{31} \cdot 1 + a_{33}}, \text{ d. h. } a_{11} = a_{31} + a_{33} \qquad ⑤$$

$$0 = \frac{a_{21} \cdot 1 + a_{22} \cdot 0}{\text{Nenner}} \qquad a_{21} = 0. \qquad ⑥$$

(Jetzt über sechs Freiheitsgrade verfügt.)

7. Wir wünschen weiter, daß alle Punkte auf der x-Achse in Ruhe bleiben sollen und setzen fest:

$x = -1 \quad \xi = -1$, wobei, wie bereits unter ⑥ geschehen,
$y = 0 \quad \eta = 0$, dann ergibt der Ansatz:

$$-1 = \frac{a_{11} \cdot -1}{a_{31} \cdot -1 + a_{33}}$$

$a_{11} = -a_{31} + a_{33}$, das ist aber nur möglich,
(siehe⑤,) wenn $a_{31} = 0$. ⑦
(Jetzt über sieben Freiheitsgrade verfügt.)

8. Nun können wir noch eine Forderung stellen, wir können z. B. die Lage eines Punktes der y-Achse auf der η-Achse vorschreiben:
$y = 100$ soll nach $\eta = 2$ kommen.
Ansatz: $2 = \dfrac{100\,a_{22}}{100\,a_{32} + a_{33}}$.
Wir nehmen noch ④ zu Hilfe und erhalten
$200\,a_{32} + 2\,a_{33} = 500\,a_{32}$
$a_{33} = 150\,a_{32} \qquad a_{33} = 150\,a_{32}$. ⑧
(Jetzt über acht Freiheitsgrade verfügt.)

9. Nun erst freie Entscheidung über a_{32} : wir wählen zweckmäßig $a_{32} = 1$. ⑨
Ordnen wir nun die Ergebnisse in Determinantenform, dann erhalten wir folgendes Schema:

$$\begin{matrix} a_{11} = 150 & a_{12} = 0 & a_{13} = 0 \\ a_{21} = 0 & a_{22} = 5 & a_{23} = 0 \\ a_{31} = 0 & a_{32} = 1 & a_{33} = 150, \end{matrix}$$

aus dem wir die Gleichungen für ξ und η ablesen können

$$\xi = \frac{150\,x}{y + 150}; \qquad \eta = \frac{5\,y}{y + 150}. \qquad (20)$$

Betrachtet man die Außenleitern y_1 und y_2 als die parallelen Seiten eines Trapezes, dann errechnet sich die Länge der in der Mitte zwischen ihnen liegenden dritten Leiter y_3 aus $y_3 = \dfrac{y_1 + y_2}{2}$.
Daraus folgt

$$y_1 + y_2 = 2\,y_3.$$

Diesen Ausdruck ordnen wir unserer Formel (5) zu und erhalten dadurch die Gleichungen der Teilungsträger.

Wir ordnen nun unserem Beispiel die Gleichung des Ansatzes einer Leitertafel mit drei parallelen Leitern zu, um die Gleichungen für die Teilungsträger zu erhalten:

$$\left.\begin{aligned} u^2 + v^2 &= w^2 \\ y_1 + y_2 &= 2y_3 \end{aligned}\right\} \text{Zuordnung.}$$

Wir können unmittelbar angleichen

$y_1 = u^2 \quad y_2 = v^2 \quad y_3 = w^2/2$, für die x-Werte gilt gemäß Vereinbarung: (siehe Abb. 44 links oben)

$x_1 = -1 \quad x_2 = +1 \quad x_3 = 0$. Diese Werte sinngemäß in (20) eingesetzt, ergeben die Verzerrungsgleichungen

$$\xi_1 = \frac{150 \cdot -1}{u^2 + 150} = -\frac{150}{u^2 + 150}; \quad \eta_1 = \frac{5\,u^2}{u^2 + 150}$$

$$\xi_2 = \frac{150 \cdot +1}{v^2 + 150} = \frac{150}{v^2 + 150}; \quad \eta_2 = \frac{5\,v^2}{v^2 + 150}$$

$$\xi_3 = 0; \quad \eta_3 = \frac{5\,w^2}{w^2 + 300}.$$

Nun kann man mit dem Zeichnen des Nomogramms beginnen. Zu diesem Zweck entwirft man sich für die einzelnen Werte für ξ und η eine Tabelle etwa der folgenden Art:

u	u^2	$5\,u^2 = Z$ (Zähler)	$u^2 + 150 = N$ (Nenner)	$\frac{Z}{N} = \eta_1$	$\eta_1 \cdot E$ *) $E = 50$ mm
0,0	0,0	0,0	150	0,0	0,0
1,0	1,0	5,0	151	0,0331	1,66
2,0	4,0	20,0	154	0,130	6,50 usw.

Obgleich wir nunmehr in der Lage sind, das Nomogramm zeichnen zu können, wollen wir noch einige Gedanken anknüpfen. Wir kehren zurück bis zum Punkte ⑥. Wenn wir auf den 7. Freiheitsgrad verzichten, sieht unser Schema wie folgt aus:

$$\begin{array}{lll} a_{11} = a_{33} & a_{12} = 0 & a_{13} = 0 \\ a_{21} = 0 & a_{22} = 5a_{32} & a_{23} = 0 \\ a_{31} = 0 & a_{32} = ? & a_{33} = ? \end{array}$$

*) E bedeutet die Zeicheneinheit, mit der wir das Nomogramm zeichnen wollen.

Über y ist bis jetzt noch keine Entscheidung gefallen, deshalb haben unsere Formeln folgendes Aussehen:

$$\eta = \frac{5\,y}{y + 150} \qquad (\text{wobei } y = u^2)$$

also

$$\eta = \frac{5\,u^2}{u^2 + 150}.$$

Tragen wir die Leiter jetzt auf, dann erkennen wir an einer Stelle des Teilstrichgefüges, daß sich die Teilstriche, nachdem sie sich anfangs etwas voneinander entfernt hatten, wieder nähern; dazwischen liegt offenbar eine Stelle, bei der die Teilstriche für kurze Zeit keine merkliche Abstandsänderung erfahren. Man nennt eine solche Stelle „g l e i c h f ö r m i g e S t e l l e" und bezeichnet sie mit dem Index $_0$.

Wir finden diese Stelle nach den Lehren der Differentialrechnung (s. etwa [C 2; D 7; G 9; L 5; M 2; N 2; Sch 2; W 1]) durch zweimaliges Differenzieren und Nullsetzen des Ausdrucks $\frac{d^2\eta}{du^2}$

und erhalten zunächst

$$\frac{d\eta}{du} = 1500\,\frac{u}{(\text{Nenner})^2}$$

$$\frac{d^2\eta}{du^2} = 1500\,\frac{150 - 3\,u^2}{(\quad)^3}.$$

Dieser Ausdruck ist nur Null, wenn der Zähler gleich Null ist, also $150 - 3\,u^2 = 0$;

daraus folgt $u^2 = 50$ $\qquad u_0 = u$

$$\underline{\underline{u_0 = 7{,}0711.}}$$

Wir können also nun umgekehrt vorschreiben, wohin wir die gleichförmige Stelle legen wollen. Zu diesem Zweck müssen wir die Größen a_{32} und a_{33} und ihre Abhängigkeit voneinander bestimmen. Wir nennen vorübergehend $a_{32} = a$ und $a_{33} = b$ und setzen unsere Formel für η neu an, dann ergibt sich zunächst

$$\eta = \frac{a_{22} \cdot y}{a_{32}y + a_{33}} = \frac{5\,a_{32} \cdot y}{a_{32}y + a_{33}} \quad (y = u^2) \quad = \frac{5\,au^2}{au^2 + b}.$$

Ohne die zweimalige Differentiation im einzelnen hinzuschreiben, sei gleich das Ergebnis mitgeteilt:

$$\frac{d^2\eta}{du^2} = 10 \text{ ab} \frac{b - 3\,au^2}{(\text{Nenner})^3}.$$

Jetzt muß sein $b = 3\,au^2$, damit die gleichförmige Stelle in u_0 erscheint. Nach Rückübersetzung der Formel erhalten wir mit den ursprünglichen Bezeichnungen einschließlich

$$a_{33} = 3\,a_{32} \cdot u_0^2. \tag{21}$$

Schreiben wir jetzt z. B. vor, u_0 soll in 10 sein, dann setzen wir ein: $u_0^2 = 100$, $a_{32} = 1$ (gewählt),

$$\text{ergibt } a_{33} = 3 \cdot 1 \cdot 100 = 300. \tag{22}$$

Für ξ und η ergeben sich damit folgende Verzerrungsformeln

$$\xi = \frac{300\,x}{y + 300};\; \eta = \frac{5\,y}{y + 300}. \quad (23) \quad (24)$$

Die danach gezeichnete Leitertafel zeigt Abb. 45.

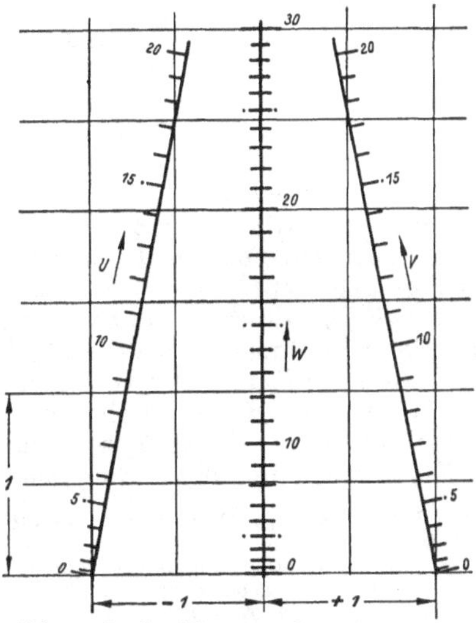

Abb. 45. Nach Abb. 44 durchgeführte projektive Verzerrung des Nomogramms für die Gleichung $u^2 + v^2 = w^2$

§ 15. Projektiv verzerrte Netztafeln*)

Um Nomogrammen eine für den Gebrauch handliche Form zu geben, muß man oft, mit Rücksicht auf die vorgegebenen Bereiche die Methode der projektiven Verzerrung anwenden. Im folgenden wird gezeigt, wie es erst durch Vornahme projektiver Verzerrungen möglich ist, eine Reihe von Aufgaben auch in nomographisch einwandfreier Weise zu lösen.

Nach den Lehrsätzen der Darstellenden Geometrie [Sch 1] läßt sich ein in einer Ebene E_1 befindliches Rechteck $\overline{1234}$ so in eine zweite Ebene E_2 umklappen, daß sich die im Unendlichen liegenden Fluchtpunkte seiner parallelen Begrenzungslinien nach der Umklappung in der Zeichenebene schneiden (Abb. 46). Gegeben sei das Rechteck $\overline{1234}$, außerdem die Lage der Geraden $\overline{12}$ in der neuen Ebene E_2, ($\overline{1'2'}$) [D 9].

Man konstruiert das Bild des Rechtecks nun wie folgt: Zunächst bringt man die Verlängerung der Seiten $\overline{12}$ und $\overline{1'2'}$ zum Schnitt und erhält damit den ersten Punkt $S_{1,2}$ der Spurgeraden. Durch diesen Punkt zieht man eine beliebige Gerade s, die jedoch weder zu einer der Rechteckseiten noch zu der neuen Seite $\overline{1'2'}$ parallel gehen darf. Dann verlängert man die Seiten $\overline{2'3'}$ bis zur Geraden s, die jetzt Spurgerade ist und erhält Punkt $S_{2,3}$. Die Verlängerung $\overline{1'4'}$ nach s ergibt Punkt $S_{1,4}$. Zieht man jetzt eine Gerade von $S_{2,3}$ durch $2'$ sowie von $S_{1,4}$ durch $1'$, dann liefert ihr Schnittpunkt den Punkt F_2. Nach Ziehen einer Parallelen durch F_2 zu s und Verlängerung von $\overline{1'2'}$ ergibt sich Punkt F_1 auf f. Damit sind alle zur Darstellung des Rechtecks in der Ebene E_2 notwendigen Punkte gegeben. Die Verlängerung der Rechteckseite $\overline{34}$ bis zur

*) Der folgende § 15 gehört organisch zu dem Abschnitt über projektive Skalen und bildet seinen Abschluß.

Es ließ sich nicht vermeiden, darin von einigen Begriffen aus der Lehre von den fluchtrechten Punkten, die erst in § 23—§ 37 erörtert werden, Gebrauch zu machen. Es empfiehlt sich daher für diejenigen Leser, die mit der Methode der fluchtrechten Punkte nicht schon vertraut sind, den § 15 zunächst zu überspringen und ihn nach § 37 zu lesen.

Spur s ergibt dort den Punkt $S_{3,4}$. Dieser mit F_1 verbunden ergibt die Schnittpunkte 3′ und 4′ auf den nach F_2 gehenden Strahlen, womit die äußere Begrenzung 1′ 2′ 3′ 4′ des ursprünglichen Rechtecks gezeichnet werden kann. Das

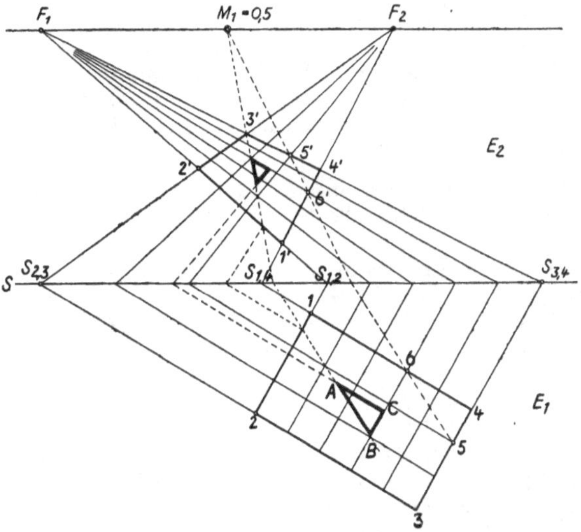

Abb. 46. Projektive Verzerrung eines Rechtecks; geometrische Konstruktion

in Abb. 46 gezeichnete Dreieck findet sich in der Figur 1′ 2′ 3′ 4′ ebenfalls wieder, wobei wir die Hypotenuse, den sog. Anstieg, besonders betrachten wollen. Die Verlängerung der Spur $\overline{AB}$ und ihr Abbild in F_2, wo die Fluchtgerade in M_1 geschnitten wird, ist zunächst kaum erwähnenswert. Bilden wir aber die zu $\overline{AB}$ gezogene Parallele $\overline{56}$ in der neuen Figur ab und verlängern die Strecke $\overline{6'5'}$ bis zur Geraden f, dann trifft sie diese ebenfalls im Punkte M_1. Alle parallel zu AB laufenden Geraden mit dem g l e i c h e n Anstieg schneiden sich also jetzt in der Zeichenebene. Wir dürfen deshalb ohne Bedenken an diesen Punkt M_1 den Wert des Anstieges, nämlich 0,5, anschreiben, gleiche Zeicheneinheiten auf $\overline{12}$ und $\overline{14}$ vorausgesetzt. Zu beweisen, daß das Bild 1′ 2′ 3′ 4′ des ursprünglichen Rechtecks 1234 projektiv geteilt ist, ist nicht schwer.

Wie wir in § 14 gesehen haben, läßt sich eine projektive Teilung dadurch herstellen, daß von einem Pol P Strahlen zu einer gleichförmigen Teilung gezogen werden. Befindet sich auf diesem Wege eine Gerade, die vor oder hinter der gleichförmigen Teilung liegen kann (s. Abb. 33), dann wird jene projektiv geteilt.

Betrachten wir jetzt unsere Figur in Abb. 46, dann erkennen wir, daß für alle Seiten 1′ 2′ 3′ 4′ diese Voraussetzung gegeben ist. In der Tat sind auf der Spurgeraden gleichförmige Abschnitte vorhanden, auf dem Wege zum Pol — bei uns die Punkte F_1 und F_2 — liegen die jeweiligen Seiten des ursprünglichen Rechtecks, die jetzt projektiv geteilt werden. Auch die Übertragung der Schnittpunkte der Linien gleichen Anstiegs mit den quadratischen Feldern des Rechtecks würden auf s gleiche Abschnitte ergeben. (Nach den Lehren der Projektiven Geometrie [D 7, G 6, H 6, L 8, P 14, R 4, Sch 4, Z 1] liegen diese Punkte alle auf einer Geraden, nämlich der Verbindungsgeraden durch F_1 und F_2.)

Es möge ursprünglich die Tafelform nach Abb. 47 vorliegen. Die Bestimmung des Anstieges einer Geraden geschieht hierbei in herkömmlicher Weise durch Bestimmung des Quotienten

$$\frac{y_2 - y_1}{x_2 - x_1} = \operatorname{tg} \alpha = M. \tag{25}$$

Alle Parallelen zu dieser Geraden haben den g l e i c h e n Anstieg, ihr Schnittpunkt liegt auf der unendlich fernen Geraden, und man muß sich vorstellen, daß die Punkte der unendlich fernen Geraden nach dem Anstiegswert $M = \operatorname{tg} \alpha$ beziffert sind. Wenn es nun gelingt, die unendlich ferne Gerade projektiv in das Zeichenfeld zu verlegen, so kann man den Anstieg einer Geraden ohne weiteres an ihrem Schnittpunkt auf dem projektiven Bild der unendlich fernen Geraden ablesen.

Das in Abb. 47 schraffiert gezeichnete Anstiegsdreieck findet sich auch in Abb. 48 wieder, jedoch jetzt entsprechend verzerrt. Die ehemals parallelen Anstiegsgeraden in Abb. 47 mit dem Anstieg $\text{tg}\, a = 0{,}5$ schneiden sich jetzt im Punkt 0,5 der aus dem Unendlichen in die Zeichenebene verlegten Geraden.

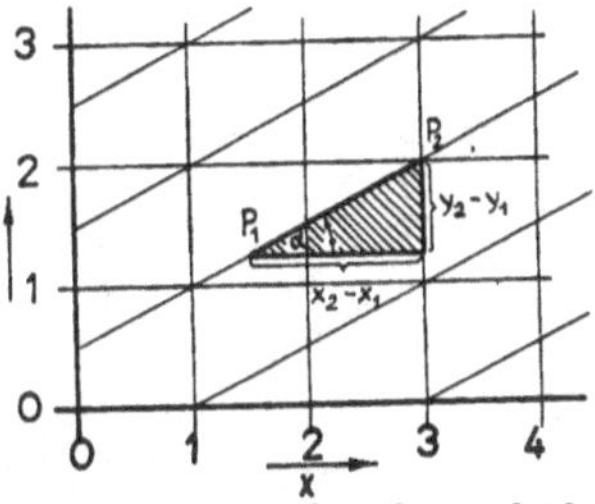

Abb. 47. Anstiegsdreieck im gleichförmigen, unverzerrten Netz mit einigen Parallelen gleichen Anstiegs

Über den mathematischen Ansatz der Umformung von Abb. 47 in Abb. 48 finden sich nähere Erläuterungen z. B. bei [D 7; G 3; G 4; H 6; L 8; N 4; P 2; P 14; Sch 17; Sch 21; Z 1; Z 3]. Die Eigenart projektiv verzerrter Netztafeln ermöglicht es uns, in diesen unmittelbar Summenbildungen vorzunehmen. Wir können bei Gleichungen der Form $a^2 + b^2 = c^2$ *) nach Eintragung der Werte für a und b (Abb. 49)

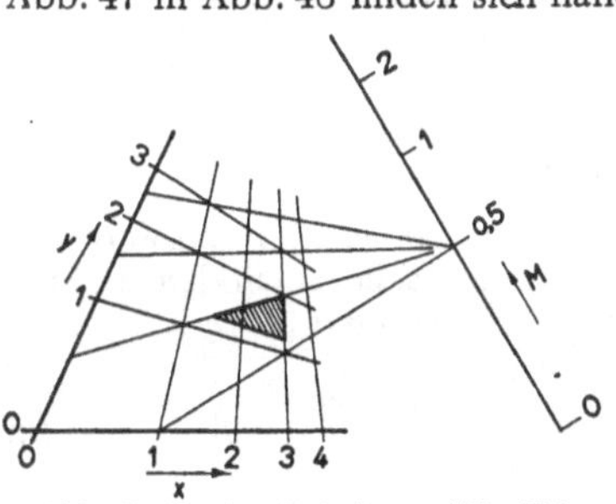

Abb. 48. Anstiegsdreieck von Abb. 47 im projektiv verzerrten Netz. Die Anstiegsparallelen der Abb. 47 vereinen sich hier zu einem Strahlenbündel

*) Es erscheint notwendig zu betonen, daß man die Aufgabe $a^2+b^2=c^2$ nomographisch einfacher durch eine Leitertafel der 1. Grundform darstellen kann. Auch der Ansatz als Netztafel mit quadratisch geteilten Koordinatenachsen liefert ein nomographisch einwandfreies Ergebnis, wie an anderer Stelle dieses Bändchens gezeigt wird, jedoch gerade, weil diese Formel mehrfach behandelt wird, schien es reizvoll, sie auch in Verbindung mit den projektiven Papieren zu bringen.

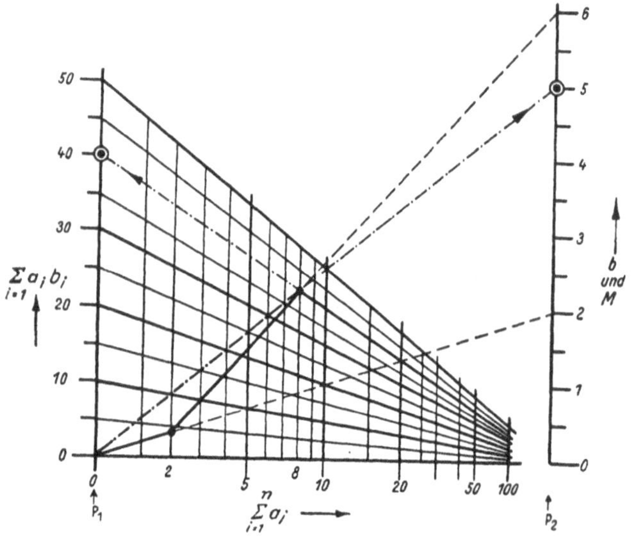

Abb. 49. Summenbildung in einem projektiv verzerrten Netz

in unserem Beispiel $a = 2$, $b = 6$, nicht nur sofort den Wert $c^2 = 4 + 36 = 40$ ablesen, sondern finden darüber hinaus auch noch folgende Beziehungen:

$$a + b = 2 + 6 = 8$$

$$M = \frac{a^2 + b^2}{a + b} = \frac{a \cdot a + b \cdot b}{a + b} = \frac{40}{8} = 5. \qquad (26)$$

Noch ein Wort über die Methode des Eintragens:

Man beginnt im Koordinaten-Mittelpunkt und zieht in Richtung $b = 2$ eine Gerade bis zum Punkt $a = 2$ und erhält damit den ersten Punkt des durch stärkere Strichgebung hervorgehobenen Streckenzuges. Dann zieht man von diesem Punkt in Richtung $b = 6$ um die Strecke $a = 6$ den nächsten Linienzug und erhält auf der Abszisse $2 + 6 = 8$ den Punkt mit der Ordinate 40, entsprechend $\Sigma a \cdot b = a_1 b_1 + a_2 b_2 = 2 \cdot 2 + 6 \cdot 6 = 40$.

Man erhält diese Werte, indem man den „Schlußpunkt“ des eingetragenen Linienzuges mit P_2, also $M = O$, verbindet. Der Schnitt dieser Geraden mit der linken Ordinate liefert dort den Wert für c^2.

Die Verlängerung der Geraden von P_1 über den „Schlußpunkt“ bis zur Anstiegsskala schneidet diese im Werte $M = 5$.

Soll außer c^2 auch der Wert c abzulesen sein, dann kann man diese Leiter nach bekannter Methode als Doppelleiter ausführen.

Dieses Beispiel ist jedoch nur ein Sonderfall der allgemeinen Gleichung

$$a_1 b_1 + a_2 b_2 + \ldots . . a_n b_n \sum_{i=1}^{i=n} a \cdot b = S. \qquad (27)$$

Wir wollen unsere weiteren Ausführungen auf folgende Gleichung beschränken:

$$a_1 b_1 + a_2 b_2 + a_3 b_3 + a_4 b_4 = \sum_{i=1}^{i=4} a \cdot b = S, \qquad (28)$$

wobei den einzelnen Größen im Beispiel folgende Werte zukommen mögen:

$$\begin{array}{ll} a_1 = 5 & b_1 = 2 \\ a_2 = 10 & b_2 = —0{,}5 \\ a_3 = 4 & b_3 = —2 \\ a_4 = 10 & b_4 = 1 \end{array} \qquad i = 1 \ldots 4.$$

Man kann die zeichnerische Lösung im unverzerrten Netz etwa nach Abb. 50 vornehmen; hierbei bedeutet aber das nach jedem Rechenschritt notwendige Parallelenabsetzen eine unerwünschte Unterbrechung des Gedankenganges, abgesehen vom Arbeitsaufwand. Übt man jedoch auf die Netztafel eine Projektivität aus, dann kann man unter Zuhilfenahme der nun erreichbaren, ehemals unendlich fernen Geraden den Streckenzug $a_1 b_1 \ldots a_i b_i$ einzeichnen. Die Lage des jeweils letzten Punktes eines solchen Linienzuges fixiert bereits die

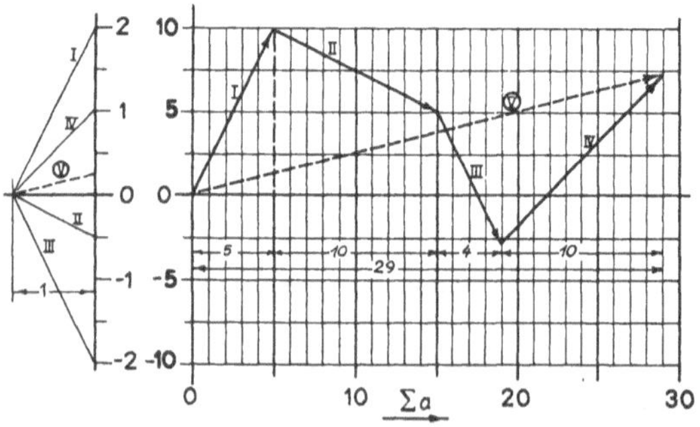

Abb. 50. Summenbildung in einem gleichförmigen Netz. Man beachte das hier noch notwendige Einheitsdreieck, um den Wert des Anstiegs ablesen zu können

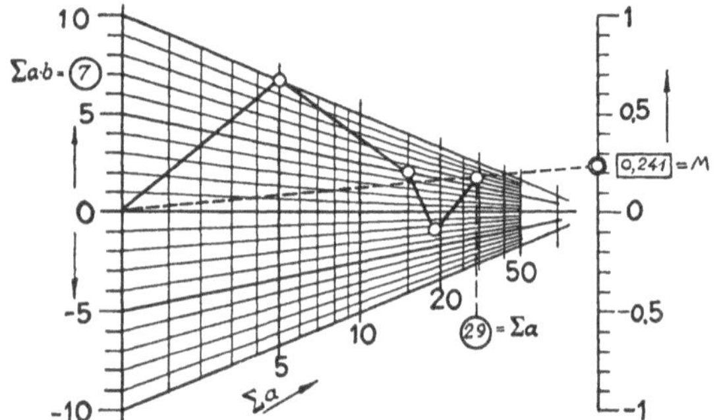

Abb. 51. Das gleiche Beispiel wie in Abb. 50, jetzt in einem projektiv verzerrten Netz eingetragen. Anstiegsablesung unmittelbar im Netz; daher Fortfall des Einheitsdreiecks!

Größe S. Zieht man außerdem durch den Punkt $S = 0$, $a = 0$ die Verbindungsgerade zum zuletzt eingetragenen Punkt und verlängert bis zur rechten Ordinate, dann kann man auf dieser unmittelbar den Anstieg tg $\alpha = M$ ablesen, im Beispiel also

$$\frac{\Sigma a \cdot b}{\Sigma a} = \frac{7}{29} = = 0{,}241, \tag{29}$$

die Rechnung ergibt 0,24138.
(Man beachte, daß die Ablesung des Wertes 0,241 in Abb. 50 weniger gesichert ist als in Abb. 51.)

Das Ablesespiel ist in glatten Zahlen gewählt. Sobald man zu großen Werten von b kommt, muß man eine Maßstabsverkürzung wählen (affine Verzerrung der Ordinate). Je nach der ursprünglichen Teilung für x und y lassen sich Aufgaben mannigfaltiger Art lösen.

So zeigt z. B. Abb. 52 die als Dobbeler'sche Tafel [D 5] bekannte Darstellung der Formel

$$\frac{L_1}{L_2} = \left(\frac{\eta_2}{\eta_1}\right)^b. \tag{30}$$

Durch einfache Umformung mittels Logarithmierung ergibt sich

$$\frac{\lg L_2 - \lg L_1}{\lg \eta_2 - \lg \eta_1} = -b. \tag{31}$$

Durch Vergleich mit (25) erkennt man sofort die Möglichkeit einer Angleichung, wobei x (hier als η) projektiv verzerrt ist. Die für das Beispiel gewählten Bereiche sind:

L 10 . . . 5000
η 5 50
b 0 3

Als Ablesebeispiel wurde in die Abbildung eingetragen

$L_1 = 800$
$L_2 = 100$
$\eta_1 = 5$
$b = 3.$

Das Ergebnis lautet: $\eta_2 = 10.$

Doch sind damit die Möglichkeiten der Summenbildung noch keineswegs erschöpft, vielmehr ergeben sich durch Umformung vorgelegter Gleichungen ähnliche Wege zur Behandlung von Gleichungen etwa der Form

$$x_1^{\,y_1} \cdot x_2^{\,y_2} \cdot x_3^{\,y_3} \ldots\ldots x_i^{\,y_i} = z, \tag{32}$$

doch soll hierauf, um den Rahmen des Bändchens nicht zu

sprengen, nicht näher eingegangen werden [A 3 (S. 199 u. 838)]. Bei allen diesen Darstellungen findet man den Wert M als Schlußlinie der eingezeichneten Punktfolgen. Wie Abb. 51 zeigt, gelingt es ohne weiteres, positive und negative Anstiege, die wie Abb. 52 zeigt, auch Exponenten sein können, in ein- und derselben Tafel zu berücksichtigen.

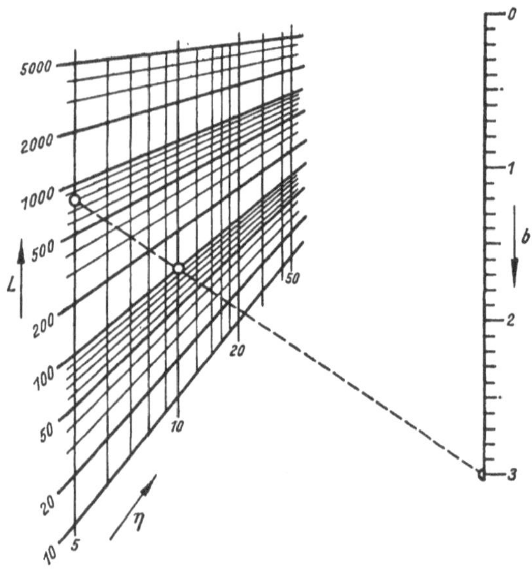

Abb. 52. $\frac{L_1}{L_2} = \left(\frac{\eta_2}{\eta_1}\right)^b$ in projektiv verzerrter Darstellung

Natürlich wird es nach den zur Darstellung kommenden Bereichen notwendig sein, sich vorerst mittels einiger Probewerte zu überzeugen, ob die Bereiche möglichst günstig abgebildet werden.

Das Hereinholen der Anstiegsleiter in die Zeichenebene mit Hilfe projektiver Verfahren gestattet das unmittelbare Ablesen der mathematischen Gleichung einer in ein solches Funktionsnetz eingezeichneten Geraden — etwa einer durch eine Punktreihe hindurchgelegten Ausgleichgeraden —, sofern diese beide Außenskalen schneidet (die y-Skala sowie die Anstiegsskala). Diesen verhältnismäßig einfachen Gedanken hat J. FISCHER [F. 7. 12] zur Konstruktion von projektiv-verzerrten Funktionsnetzen benutzt, von denen bisher drei verschiedene Ausführungen im Handel zu haben sind (Hersteller und Lieferant: Schäfers Feinpapier, Plauen i. Vogtl.):

Ausführung (I) gleichförmiges Netz, sog. Millimeternetz, ursprünglich gleichförmige Teilung auf y und x: projektiv verzerrt (s. Netzschema Abb. 52 a).

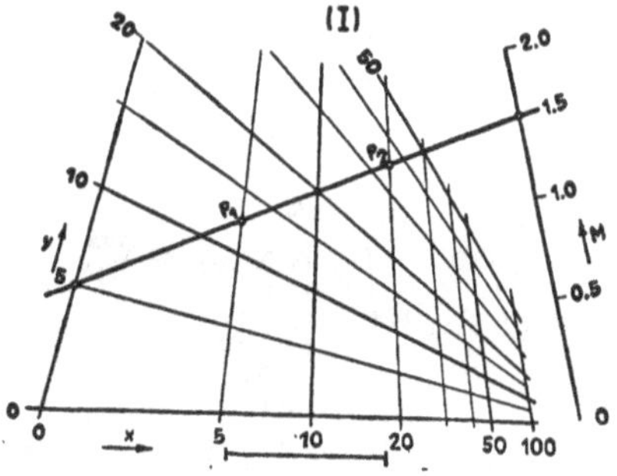

Abb. 52 a. Schema eines projektiv verzerrten Millimeternetzes mit Ablesebeispielen (s. Text)

Ausführung (II) doppelt-logarithmisches Netz, sog. Potenznetz, ursprünglich logarithmische Teilung auf y und x projektiv verzerrt (s. Netzschema Abb. 52 b).

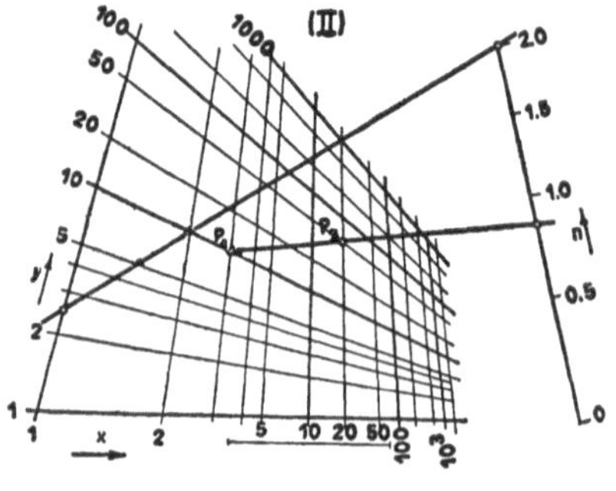

Abb. 52 b. Schema eines projektiv verzerrten Potenznetzes mit Ablesebeispielen (s. Text)

Ausführung (III) einfach-logarithmisches Netz, sog. Exponentialnetz, ursprünglich logarithmische Teilung auf y und gleichförmige Teilung auf x projektiv verzerrt (s. Netzschema Abb. 52 c).

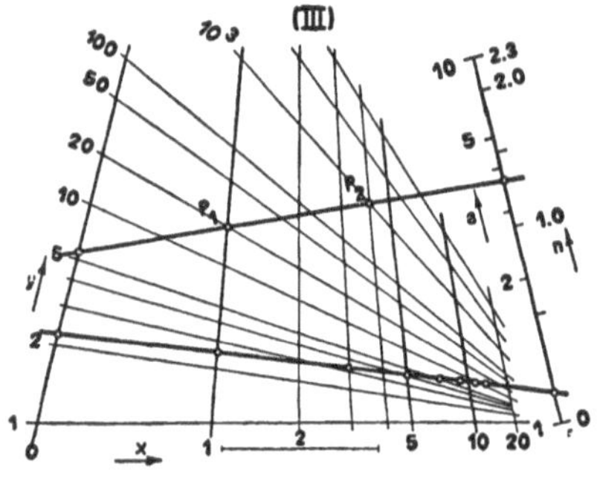

Abb. 52 c. Schema eines projektiv verzerrten Exponentialnetzes mit Ablesebeispielen (s. Text)

Den in den einzelnen Abbildungen eingezeichneten Geraden liegen folgende Gleichungen und Zahlenbeispiele zugrunde:

Ausf. (I): 1) $y = 1{,}5x + 5$;

2) Anstieg der Verbindungsgeraden zwischen $P_1(5;\ 12{,}5)$ und $P_2\ (20;\ 35)$ aus:

$$M = tg\,\alpha = \frac{y_2 - y_2}{x_2 - x_1} = \frac{35 - 12{,}5}{20 - 5} = \frac{22{,}5}{15}$$

$$= 1{,}5$$

Ausf. (II): 1) $y = 2{,}5x^2$;

2) Anstieg zwischen $P_1\ (3;\ 10)$ und $P_2\ (20;\ 50)$ aus:

$$M = tg\,\alpha = \frac{\lg 50 - \lg 10}{\lg 20 - \lg 3} = 0{,}848, \text{ d. h.}$$

die Gleichung kann sofort hingeschrieben werden:

$$\frac{y_2}{y_1} = \left(\frac{x_2}{x_1}\right)^{0.848}$$

Ausf. (III): 1) $y = 2{,}24\,e^{0{,}1215\,x}$;

2) $P_1\ (1;\ 20)$ und $P_2\ (4;\ 1000)$.

Da die Anstiegleiter hier als Doppelleiter ausgebildet ist, lassen sich wahlweise die Exponenten entweder zur Basis 10 (auf *a*) oder zur Basis *e* (auf *n*) ablesen, damit ergeben sich folgende Gleichungen:

α) $y = 3{,}68^{x} \cdot 5{,}43$ bzw.

β) $y = e^{1{,}305\,x} \cdot 5{,}43$.

Die Möglichkeit der sofortigen Ablesung der Gleichung wirkt sich besonders bei der Beurteilung in das Netz eingetragener Meßergebnisse aus, deren Deutung nach physikalischen, chemischen, biologischen u. ä. Gesichtspunkten dadurch wesentlich erleichtert wird. Da sich ungeeignete Versuchsbedingungen durch ein Herausfallen der einzutragenden Werte bemerkbar machen, erziehen die projektiv verzerrten Netzpapiere zur ökonomischen Versuchsplanung (Operations research).

Die Überführung von Leitertafeln in Netztafeln ist von dem Begriff der „Dualität“ nicht zu trennen, diese spielt in der projektiven Geometrie eine große Rolle. Aus Raumgründen muß auf die Literatur verwiesen werden [D 7; H 6; J 1; K 1; K 9; L 8; P 14; Sch 17; Sch 21; Z 3], doch sei kurz erwähnt, daß es bei Anwendung dieser Methode gelingt, die in einem xy-System vorhandenen Geraden im $\xi\eta$-System als Punkte darzustellen, Punkte des xy-Systems erscheinen im $\xi\eta$-System demzufolge als Geraden (§ 26).

Es gibt außer den bisher behandelten Nomogrammen auch solche, die aus zwei Leitern und einem (manchmal auch aus mehr als einem) Netz bestehen. Ihnen liegt die Grundform

$$f_1 = \frac{f_2 + f_{3,4}}{g_{3,4}} \tag{33}$$

zugrunde. (s. Lit.: [A 2; F 8; G 3; G 4; K 1; K 9; L 1; L 9; L 11; M 3; M 14; N 4; P 2; Sch 17; Sch 21; Z 3].)

Bilden sich Größen, die ihrem Charakter nach zusammengehören (z. B. physikalischer, chemischer oder mathematischer Natur), im Nomogramm als Netz ab (Geraden oder Kurven), dann lassen sich die Schnittpunkte dieser Linie u. U. als Zustandsgrößen deuten, die die anderen Größen zwangsweise nach dem gerade dargestellten Gesetz beeinflussen. pv-Diagramme, IS-Diagramme, Riemenscheibendurchmesser-Umdrehungszahlen von Antriebswellen (AWF-Blatt 150), Zusammenschalten von Elektrizitätswerken (ETZ 1931), in letzterer Darstellung bedeutet nach Schwerdt ein Netzpunkt die energiewirtschaftliche Kennzeichnung eines E-Werkes, Kostenfunktion: Festkosten je Stück + Allgemeinkosten, Herstellungsfunktion: Fertigungszeit und Vorbereitungszeit je Stück, Siebanalysen im RRS-Netz [B 6; K 4; R 1; R 2; R 3; R 17 a und b].

Ein Beispiel aus der Astronomie möge dies näher erläutern: Abb. 53 zeigt den Zusammenhang zwischen geographischer Breite φ, Deklination der Sonne δ, Sonnenhöhe h und Sonnenauf- und -untergang t in Form eines

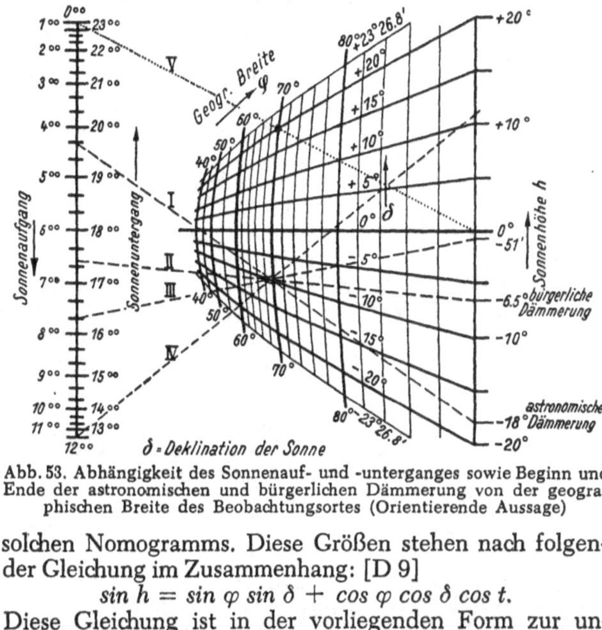

Abb. 53. Abhängigkeit des Sonnenauf- und -unterganges sowie Beginn und Ende der astronomischen und bürgerlichen Dämmerung von der geographischen Breite des Beobachtungsortes (Orientierende Aussage)

solchen Nomogramms. Diese Größen stehen nach folgender Gleichung im Zusammenhang: [D 9]

$$\sin h = \sin \varphi \sin \delta + \cos \varphi \cos \delta \cos t.$$

Diese Gleichung ist in der vorliegenden Form zur unmittelbaren Darstellung als Nomogramm noch nicht geeignet. Erst durch eine algebraische Umformung läßt sich eine Form herstellen, die man der nomographischen Grundform (33) zuordnen kann:

$$\cos t = \frac{\sin h - \sin \varphi \sin \delta}{\cos \varphi \cos \delta}.$$

Bei Nomogrammen dieser Grundform erscheinen die Teilungsträger von f_1 und f_2 als geradlinige Funktionsleitern im Abstand „Eins", während $f_{3,4}$; $g_{3,4}$ ein Funktionsnetz bilden. Durch geeignete Wahl der freien Parameter gelingt es meistens, das Netz so zu legen, daß es zwischen die Funktionsleitern f_1 und f_2 zu liegen kommt. Näheres s. u. [Sch 17]. Ort der Beobachtung, gegeben durch seine geographische Breite, sowie der Beobachtungstag, gegeben durch die Sonnendeklination, stellen sich im Nomogramm als Schnittpunkte von Linienscharen dar; das bedeutet nach vorher Gesagtem, daß zur Zeit der Beobachtung offenbar ein gewisser Zustand vorhanden ist. Wir nehmen an, die Beobachtung finde statt am 23. Febr. in Tromsö, 69,6° nördl. Br. Für diesen Tag gilt eine Sonnendeklination von $\delta = -10°$. Der Schnittpunkt der beiden Linienzüge ist unser „Zustandspunkt", der sich physikalisch als „Augenblick der Beobachtung" deuten läßt. Drehen wir eine Gerade um diesen Punkt, die so lang sein muß, daß sie sowohl die Skala für die Sonnenhöhe als auch diejenige für den Sonnenauf- und -untergang bestreicht, dann lassen sich in dem Augenblick, wo diese Gerade markante Punkte der rechten Skala trifft, auf der linken Skala die entsprechenden Zeiten ablesen.

rechte Skala von unten nach oben		linke Skala
(I)	Beginn der astronom. Dämmerung	4.20 Uhr
(II)	Beginn der bürgerlich. Dämmerung	6.35 Uhr
(III)	Rand der Sonnenscheibe berührt Horizontlinie	7.40 Uhr
(IV)	Höchster Sonnenstand an diesem Tage	+ 11°

Infolge seiner Eigenschaft, die Rechenrichtung auch umkehren zu können, beantwortet das Nomogramm noch mehr Fragen, z. B. diese: In welcher Zeit des Jahres steht in Tromsö die Mitternachtssonne am Himmel? (V)

Wir verbinden jetzt den Nullpunkt der Sonnenhöhenskala mit dem Punkt für die Zeit 0.00 (bzw. 24.00) Uhr auf der linken Skala (punktierte Linie, geschl. Kreis) und erhalten dann für Tromsö eine Sonnendeklination von + 20°, d. h. an allen Tagen, an denen die Sonnendeklination bis Mitternacht den Wert von + 20° nicht unterschreitet, herrscht in Tromsö die Mitternachtssonne, das ist für unser Beispiel die Zeit vom 21. Mai bis zum 24. Juli.*) In dem von der obengenannten Geraden abgeschnittenen Teil des $\varphi\delta$-Netzes liegen alle Punkte, für die die Er-

*) Diese Werte sind aus einer Tabelle zu entnehmen, die den Zusammenhang zwischen Sonnendeklination und Datum vermittelt.

scheinung der Mitternachtssonne in Betracht kommt. Der aufmerksame Leser wird bereits bemerkt haben, daß diese Geråde für den höchst erreichbaren Sonnenstand von $+ 23^\circ\ 26{,}8'$ die φ-Kurven im Werte $66^2/_3{}^\circ$ schneidet, das ist aber der Wert für die Lage des nördlichen Polarkreises. (Bemerkung: Das Nomogramm gilt jedoch nur für orientierende Aussagen, da die Berücksichtigung der Zeitgleichung sowie der Refraktion zwei Zusatznomogramme erfordern würde. Hier steht jedoch die Umwandlung sowie die Zuordnung einer gegebenen Formel zwecks Überführung in ein Nomogramm im Vordergrund.)

Auf ein Beispiel der Anwendung graphischer Methoden bei der Kontrolle technischer Prozesse sei im folgenden hingewiesen:

Man benutzt den Zeiger eines Meßinstrumentes als Strahl, seinen Ablenkungswinkel als Maß für eine Größe (z. B. den elektrischen Strom oder die Spannung).

Durch Kombination zweier solcher Anzeigesysteme, die so angeordnet sind, daß die messerartig ausgebildeten Zeiger in verschiedener Höhenlage über einem Spiegel spielen, auf dem ein Funktionsnetz eingezeichnet ist, erhält man an der Stelle, wo sich die Zeiger kreuzen, Schnittpunkte. Bei geeigneter Verzifferung können die Zahlenwerte einer Funktion der beiden Variablen $z = f(x, y)$ an den Kreuzungspunkten P (siehe schem. Fig. 54) abgelesen werden. ([Sch 17, S 122 ... 28] sowie Nachtrag S. 210 unter „Kozeny".)

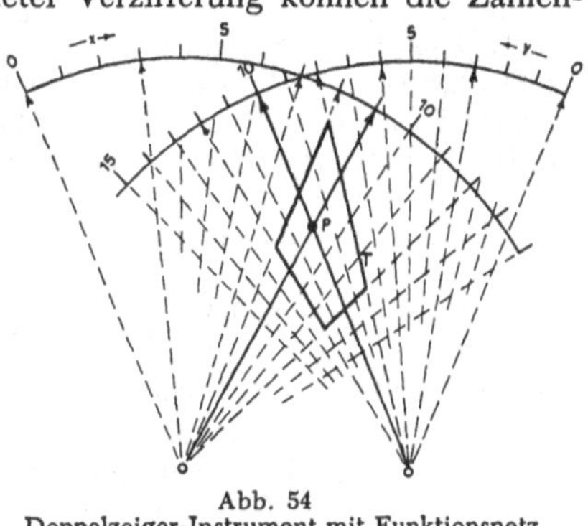

Abb. 54
Doppelzeiger-Instrument mit Funktionsnetz und Toleranzfeld

Die Abweichung von einem Richtwert des jeweilig

beobachteten Punktes P wird durch Einzeichnung eines von einem Linienzug umschlossenen Toleranzfeldes T in das Funktionsnetz kenntlich gemacht.

Anmerkung: Es liegt nahe, diese Methode zur Ausbildung einer mechanischen Steuerung zu benutzen und sie durch Verwendung von zwei, vier oder mehr Zeigerpaaren auf vier oder mehr Variable auszudehnen.

Die Tatsache, daß bei dualer Umformung Geraden zu Punkten und punktförmige Träger von Linienscharen zu geraden Trägern von Punktreihen werden, läßt sich, wie A. Walther gezeigt hat [W 2; W 3; W 4], dazu benutzen, um unübersichtliche Netztafeln mittels Umwandlung in Leitertafeln übersichtlicher zu machen, wobei, wie im folgenden Abschnitt noch gezeigt wird, weitere Vorteile auftreten.

§ 16. Funktionsskalen speziellerer Art

Ebenso wie die beschriebenen Funktionsskalen kann natürlich jede beliebige, auch kompliziertere Funktion als Skala dargestellt werden, und es muß sich in den einzelnen Fällen ergeben, ob man es durch irgendwelche zeichnerische Vereinfachungen erreichen kann, daß man bei Herstellung der Skalen wenn möglich an Rechenarbeit spart. Ein Beispiel hierfür bildet z. B. eine Doppelskala, die bei der Lichtmessung Verwendung findet. Ist nämlich y die Lichtstärke einer Lichtquelle, x die bei der Messung gefundene Entfernung des „Fettflecks“ oder des Photometerkopfes von der feststehenden Normallichtquelle, welche die Lichtstärke einer Kerze habe, so berechnet sich die Lichtstärke zu

$$y = \left(\frac{a - x}{x}\right)^2 \quad \text{oder} \quad \sqrt{y} = \frac{a - x}{x},$$

wo a die Entfernung zwischen Lichtquelle und Normallampe ist. Wir sehen, daß hier $\sqrt{y}$ mit x projektiv verwandt ist. Zeichnen wir daher eine gleichförmige Skala für $\sqrt{y}$ und mit Hilfe einer Tabelle oder von Logarithmenpapier die zugehörige Skala für y, so brauchen wir nur drei zusammengehörige Werte von $\sqrt{y}$ und x zu berechnen, um durch Projektion einer gleichförmigen Teilung die Skala für x zu bekommen.

Ein anderes Problem, das mit Hilfe von Funktionsskalen sehr erleichtert werden kann, ist die Aufgabe, die räumliche Wirkung einer richtungsabhängigen Größe zu bestimmen, sofern Rotationssymmetrie vorhanden ist. Ein wichtiges Beispiel hierfür ist der Lichtstrom einer rotationssymmetrischen Lichtquelle. Aber auch die Wärmestrahlung, die diffuse Reflexion u. a. m. können auf dieselbe Weise graphisch bestimmt werden. Bleiben wir bei dem Beispiel des Lichtstroms. Es sei für eine Lichtquelle die Lichtverteilungskurve gemessen (vgl. Abb. 3) und in Polarkoordinaten aufgetragen. Wir kennen also die Lichtstärke für jeden Winkel a gegen die Symmetrieachse der Lichtquelle. In Abb. 55 möge der Punkt L die Lichtquelle, die Horizontale LB deren Symmetrieachse darstellen. Um L denken wir uns eine Kugel vom Radius 1 geschlagen, deren Schnitt mit der Zeichenebene der Kreis AB sei. Dann ist der Gesamtlichtstrom alles Licht, das durch diese Kugel hindurchtritt. Jedem Winkelbereich $a_1 - a_2$ entspricht nun auf der Kugel eine Ringzone, auf der die Lichtstärke, wenn $a_1 - a_2$ klein genug ist, für konstant gelten kann. Die Größe dieser Ringzone ist nach einer bekannten Formel $2\pi h$. Um daher den Gesamtlichtstrom zu finden, könnten wir die zu jedem Winkel a gehörige Lichtstärke mit der zugehörigen Ringzone $2\pi h$ multiplizieren, diese Produkte als Funktion von a auftragen und den Flächeninhalt zwischen der entstandenen Kurve und der a-Achse nach dem in § 8 beschriebenen Verfahren oder mit dem Planimeter bestimmen. Ganz dasselbe erreicht man aber auf einfachere Weise, wenn

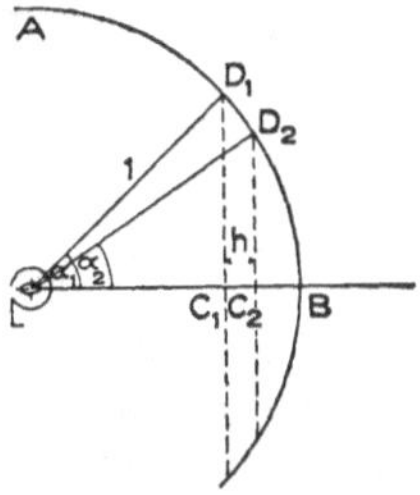

Abb. 55. Zur Bestimmung des Lichtstroms

man eine Skala für a benutzt, auf der die Abstände zweier benachbarter Teilstriche (etwa für $a = 5°$, $10°$, $15°$, usw.) jeweils gleich den entsprechenden Größen h sind. Trägt man über einer solchen Skala für jeden Teilstrich a die zugehörige Lichtstärke selbst ab, so gibt das 2π-fache des Flächeninhaltes unterhalb dieser Kurve direkt den Lichtstrom, da der Flächeninhalt der einzelnen Streifen gleich dem Produkt der Lichtstärke mit h ist. Eine solche Skala für α erhält man nun sehr einfach, wenn man in der Abb. 55 den Kreisbogen AB gleichmäßig (etwa von 5 zu 5°) teilt und von jedem Teilpunkt das Lot auf LB fällt. Dies ergibt eine Skala von der verlangten Eigenschaft. Die so entstandene Skala stellt nun, wie man leicht sieht, die Funktion cos α dar, weil $\frac{LC}{LD} = \cos \alpha$ ist. Es sind auch besondere Koordinatenpapiere im Handel (Fi 6, 7 und 9), die längs einer Achse mit einer cos-Skala, längs der andern mit einer regulären Teilung versehen sind. Da die Funktionen Cosinus und Sinus durch Vermehrung des Arguments um 90° oder $\pi/2$ ineinander übergehen, sind die betreffenden Skalen kongruent und können je nach der Bezifferung für beide Funktionen verwendet werden. Auf dem Papier ist daher häufig keine Bezifferung angebracht, und es wird vielfach als Sinuspapier bezeichnet. Abb. 56 zeigt ein solches Papier in verkleinerter Darstellung. Die Konstruktion a) zeigt die Ablesung $y = 20 \cdot \sin 35° = 11{,}5$; die Kurve b) stellt als Beispiel eine Lichtstromkurve dar.

Das geschilderte Verfahren zur Bestimmung des Lichtstroms ist ein besonderer Fall einer viel allgemeineren Aufgabe. Es kommt häufig vor, daß das Integral einer Funktion gesucht wird, die ein Produkt aus zwei Funktionen ist, wovon die eine ein für allemal bekannt ist. Soll z. B. die Helligkeit eines Lichtes, dessen spektrale Energieverteilung $e(\lambda)$ man gemessen hat, berechnet werden, so ist diese Funktion mit der bekannten Empfindlichkeitskurve des Auges $A(\lambda)$ zu multiplizieren und das Integral dieses Produktes über alle Wellenlängen des sichtbaren Lichtes zu bilden:

$$H = \int e(\lambda)\, A(\lambda)\, d\lambda.$$

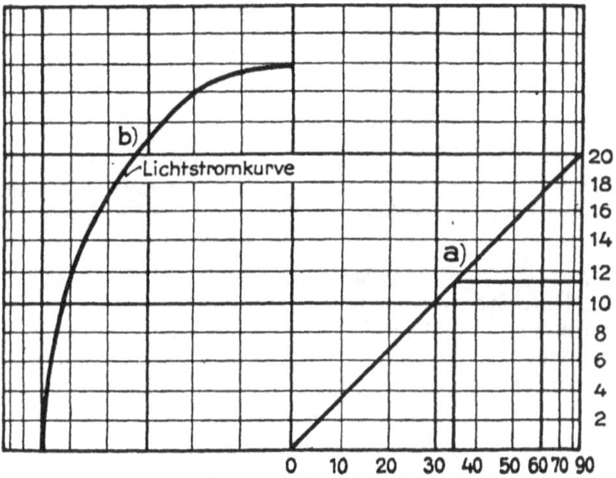

Abb. 56. Sinuspapier. (Nach: RKW-Veröffentlichungen Nr. 23, Graphisches Rechnen)

Auch hier kann man sich wie beim Lichtstrom das zeitraubende Multiplizieren der einzelnen Ordinaten von $e(\lambda)$ und $A(\lambda)$ sparen, wenn man $e(\lambda)$ nicht auf einer regulären λ-Skala aufträgt, sondern auf einer ein für allemal vorbereiteten Skala, auf der die aufeinanderfolgenden Abstände der Teilstriche den Werten $A(\lambda)\, d\lambda$ entsprechen. Nennen wir die Funktion, die durch diese Skala dargestellt wird, y, so muß also $dy = A(\lambda)\, d\lambda$ sein, d. h. y ist nichts anderes als $\int A\, (\lambda)\, d\lambda$. Man konstruiert sich also nach § 8 ein für allemal die Integralkurve von $A(\lambda)$ und verwandelt diese nach § 10 (S. 32) in eine ungleichmäßige Skala für runde Werte von λ. Will man nun die Helligkeit irgend-

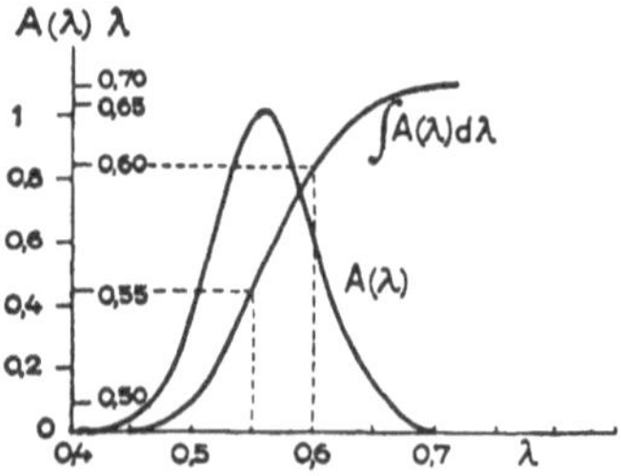

Abb. 57. Augenempfindlichkeitskurve mit Integral und Skala

eines Lichtgemisches von gegebener Zusammensetzung bestimmen, so trägt man die gegebene Energieverteilung (λ) über den entsprechenden λ-Werten dieser Skala auf, zieht die Kurve aus und braucht nun nur mit dem Planimeter ihren Flächeninhalt festzustellen. Abb. 57 zeigt die Funktion $A(\lambda)$, ihre Integralkurve und die Konstruktion der Skala für λ aus der letzteren.

Dasselbe Verfahren läßt sich z. B. auch verwenden, um die Durchlässigkeit farbiger Gläser oder Lösungen für das Licht einer gegebenen Lichtquelle zu bestimmen. Bezeichnen wir die Gesamtdurchlässigkeit mit D, die Durchlässigkeit für die einzelnen Wellenlängen mit $d(\lambda)$, so ist

$$D = \frac{\int d(\lambda)\, e(\lambda)\, A(\lambda) d\lambda}{\int e(\lambda) A(\lambda)\, \mathrm{d}\lambda}.$$

Hier sind $e(\lambda)\, A(\lambda)$ ein für allemal gegeben; dies Produkt tritt demnach an die Stelle der Funktion $A(\lambda)$ im ersten Beispiel. Es wird also zunächst $e(\lambda)\, A(\lambda)$ integriert (womit zugleich der Nenner von D gefunden wird) und eine entsprechende Skala hergestellt. Ist dann für ein Farbglas $d(\lambda)$ bekannt, so wird es über dieser Skala aufgetragen und die gefundene Kurve planimetriert.

Auf dem Gebiet der Statistik läßt sich durch Verwendung von Funktionspapieren ebenfalls eine erhebliche Zeitersparnis erzielen. So spielt z. B. das sogen. „Wahrscheinlichkeitspapier“ eine bedeutende Rolle, ersetzt es doch das Zeichnen einer Kurve durch das Ziehen einer Geraden [N 10; R 1; R 2; R 12; R 14; R 15; W 5]. (Fi 6, 7 u. 9.)

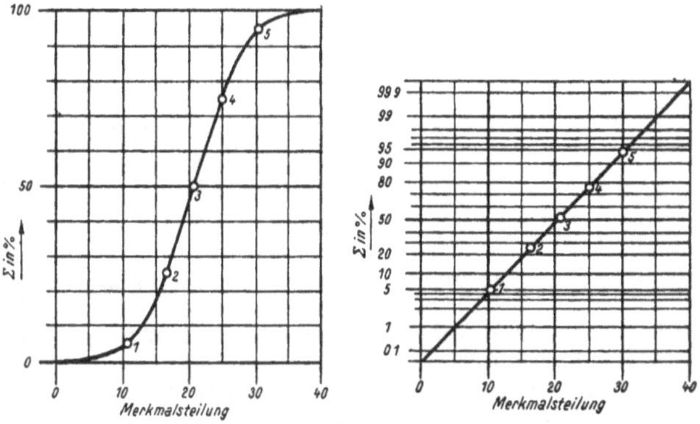

Abb. 58. Konstruktion des „Wahrscheinlichkeitsnetzes“ aus der GAUSSschen Summenkurve

Durch Überführung der Summenkurve der Gauß'schen Verteilung in eine Gerade entsteht die Ordinate (in Abb. 58 rechte Darstellung), die Abzisse ist gleichförmig geteilt[1])[2]).

„Hazen'sche Gerade“ [H 12].

Die Beurteilung der Korngrößenverteilung beim Brechen spröder Körper läßt sich ebenfalls mittels eines Funktionspapieres durchführen. Diesem Papier liegt das Zerkleinerungsgesetz von ROSIN-RAMMLER [R 1; R 2; R 3; R 17 a und b] zugrunde. Darin bedeuten R das Gewicht der bei der Kohlegewinnung in einem Flöz anfallenden Stückgrößen („größe“ = projizierter Durchmesser) in Prozenten des Gesamtgewichtes, die größer sind als x cm, n ist das Maß für die Korngrößenverteilung.

---

1) Merkmal: Übereinstimmung statistischer Einheiten in bestimmten Eigenschaften (z. B. Stückgrößen).

2) Merkmalsteilung: Zur graphischen Darstellung des verschieden großen Anteils bestimmter Merkmale des zu analysierenden statistischen Materials bedient man sich in einem meist rechtwinkligen Koordinatensystem vorzugsweise der Ordinate. Dabei geht eine Unterteilung des zur Verfügung stehenden statistischen Materials in mehrere „gleichbreite“ Gruppen voran. [B 13, F 14, F 16, G 2, H 11, L 7, M 7, M 18, P 1, P 5, P 7 bis P 11, R 13, R 14, R 15, Sch 11, Sch 26, W 5]

$$\frac{R}{100} = e^{-\left(\frac{x}{c}\right)^n} \tag{34}$$

Um diese Formel der Grundform $y = a + bx$ anzupassen, schreiben wir (34) wie folgt: $\frac{100}{R} = e^{\left(\frac{x}{c}\right)^n}$. Wenn wir diesen Ausdruck zweimal logarithmieren, erhalten wir $\lg \lg \frac{100}{R} = D + n \cdot \lg x$, wobei der bei der Logarithmierung entstehende Ausdruck $-n \cdot \lg c = D$ gesetzt wurde. (Tab. S. 49 Nr. 12.)

Daraus läßt sich, wie der Leser sicher schon erkannt hat, sofort die Achsenteilung des Funktionspapieres ablesen, nämlich für die Ordinatenachse lg lg 100/R

und für die Abszissenachse lg x.

Das Papier zeigt Abb. 59.

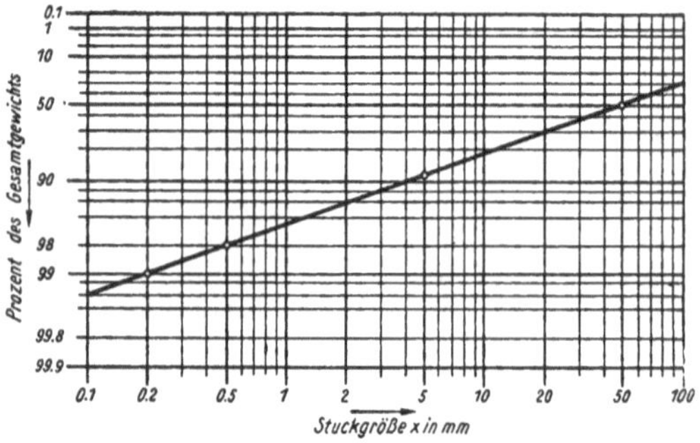

Abb. 59. Darstellung des ROSIN-RAMMLER-SPERLINGschen Zerkleinerungsgesetzes als Funktionsnetz

Der Anstieg n der Geraden ist in diesem Falle ein Kriterium für die mechanische Beschaffenheit des Materials. Ist z. B. $n = \infty$, dann ist das Produkt völlig gleichförmig, bei sehr kleinem n jedoch besteht das Material aus vielen

Korngrößen und ist, da ja auch sehr kleine Korngrößen in erheblicher Menge darin enthalten sind, „staubig“. Dem eingezeichneten Beispiel entnehmen wir:

Prozent-summe	Stückgröße bis zum ø von	Anteil in %	Bereichsgrenzen
50%	50 mm	50	bis 50 mm ø
88%	5 mm	38	zwischen 50 mm und 5 mm ø
98%	0,5 mm	10	zwischen 5 und 0,5 mm ø
99%	0,2 mm	1	zwischen 0,5 und 0,2 mm ø
		1	zwischen 0,2 mm und kleiner
		100%	

Im Zusammenhang mit der Erörterung des Einzeichnens von Versuchsergebnissen in Funktionsnetze möchten wir hier nochmals vor dem Extrapolieren warnen (s. S. 18 ff.).

Darstellung über $\frac{y}{x}$ als Ordinate

Im Falle, wo eine Gleichung von der Form $y = ax + bx^2$, also eine Gleichung ohne konstantes Glied vorliegt, ist es zweckmäßig, die Funktion $\frac{y}{x}$ als Ordinate und x als Abszisse aufzutragen, weil man dann wegen $\frac{y}{x} = a + bx$ für $\frac{y}{x}$ eine gerade Linie erhält. Allgemein läßt sich jede Gleichung von der Form $y = ax + bx^m$ in ähnlicher Weise darstellen, wenn man $\frac{y}{x}$ als Ordinate und x^{m-1} (dessen Skala man sich durch Aufzeichnen einer logarithmischen Geraden herstellt) als Abszisse wählt. Durch eine ähnliche Beziehung wird z. B. der Zusammenhang zwischen der Schallstärke y in einem tönenden Lichtbogen und der Frequenz x des überlagerten Wechselstromes dargestellt. Die Gleichung lautet $y = ax^2 + bx^4$, und es ist bei der Darstellung $\frac{y}{x^2}$ als Ordinate, x^2 als Abszisse zu verwenden (entspr. Tabelle S. 49 Nr. 9 β).

§ 17. Anpassung einer gegebenen Gleichungsform an beobachtete Werte

Es ist ein in der Praxis häufig vorkommender Fall, daß man eine Anzahl beobachteter Werte nicht bloß darstellen, sondern der Darstellung auch eine Formel entnehmen will, die den beobachteten Zusammenhang möglichst genau wiedergibt. Es kann sein, daß man aus theoretischen Gründen weiß, daß die betreffende Größe eine Gleichung von bestimmter Form befolgen muß, von der nur die darin enthaltenen Konstanten unbekannt sind, da zugleich aber die Werte mit Beobachtungsfehlern behaftet sind, so daß eine exakte Darstellung aller Werte durch eine Gleichung der betreffenden Form nicht möglich ist. Andrerseits kann auch der Fall vorliegen, daß man nichts Näheres über den betreffenden Zusammenhang weiß und nur zur bequemeren Formulierung der Beobachtungen und zur Berechnung von weiteren Werten nach einer Formel sucht, die das Beobachtungsmaterial möglichst gut darstellt. Im letzteren Fall kann man die Form der Gleichung auch noch je nach den Verhältnissen geeignet wählen, man wird nur darauf bedacht sein, daß es eine einfache, leicht zu handhabende Form sein soll. In beiden Fällen entsteht die Aufgabe, die Wahl der Konstanten (im zweiten Fall auch die der Gleichungsform) so zu treffen, daß die beste Annäherung erreicht wird.

Ein besonders einfacher Fall ist es natürlich, wenn es sich um einen linearen Zusammenhang handelt. Dieser Fall wurde in § 5 und § 6 bei Interpolation und Extrapolation schon erwähnt. Selbst wenn sich die beobachteten Punkte nicht genau in eine Gerade ordnen, wird es in vielen Fällen leicht möglich sein, nach Augenmaß eine Gerade hindurchzulegen. Kommen aber starke Abweichungen der Beobachtungspunkte vor und wird für die Lage der Geraden eine besonders große Genauigkeit verlangt, so kann man sich helfen, indem man die Methode der kleinsten Quadratsumme in einer graphisch einfachen Form anwendet, wie sie von Weitbrecht in Bd. 641 dieser Sammlung auf Seite 36 angegeben wird und die hier nur ganz kurz angedeutet sei.

Man bestimmt nämlich, indem man alle (n) Beobachtungspunkte als Massenpunkte mit gleicher Masse ansieht (vorausgesetzt, daß alle Beobachtungen die gleiche Genauigkeit besitzen), die Koordinaten X und Y des Schwerpunkts dieses Systems von Massenpunkten in bekannter Weise als

$$X = \sum \frac{x_\nu}{n} \quad \text{und} \quad Y = \sum \frac{y_\nu}{n},$$

wo x_ν und y_ν die Koordinaten der verschiedenen Punkte sind, und legt durch diesen Schwerpunkt 4 graphisch als wahrscheinlich erscheinende Geraden. Nun bildet man die Quadrate der längs der Ordinaten gemessenen Abstände*) jeder dieser Linien von den sämtlichen Beobachtungspunkten in beliebigem Maße, summiert sie und trägt die jeweils für jede Linie herauskommende Endzahl als Ordinate in beliebiger Einheit über dem Schnittpunkt der betreffenden Geraden mit der Abszissenachse auf. Man erhält dann vier in einer gekrümmten parabelartigen Kurve liegende Punkte. Man zeichnet eine Kurve durch diese Punkte und verbindet den Fußpunkt der Scheitelpunktsordinate mit dem Schwerpunkt X, Y. Man hat dann die gerade Linie durch die Beobachtungspunkte gelegt, bei der die Summe der Abstandsquadrate von allen Beobachtungswerten ein Minimum ist, und somit die Forderung erfüllt, welche die Theorie der kleinsten Quadratsumme zur Bestimmung der „wahrscheinlichen" Geraden stellt.

Dies Verfahren läßt sich, wie Schwerdt [Sch 14, Sch 17) gezeigt hat, mit einer entsprechenden Erweiterung auch für solche Fälle verwenden, bei denen der Zusammenhang der dargestellten Größen zwar nicht direkt ein linearer ist, aber sich, wie in den §§ 12—16 gezeigt wird, durch Benutzung geeigneter Funktionsskalen als gerade Linie darstellen läßt. Betrachten wir z. B. eine Funktion von der Form

*) s. Fußnote S. 48.

$y = ab^x$, die, wenn man $\eta = \lg y$ setzt, in einem $x\eta$-Netz als gerade Linie darstellbar ist, weil $\lg y = \eta = x \lg b + \lg a$. Es möge für diese Funktion eine Reihe von Beobachtungen vorliegen, die in das x, η-Netz eingetragen ungefähr, aber nicht genau auf einer Geraden liegen. Zeichnet

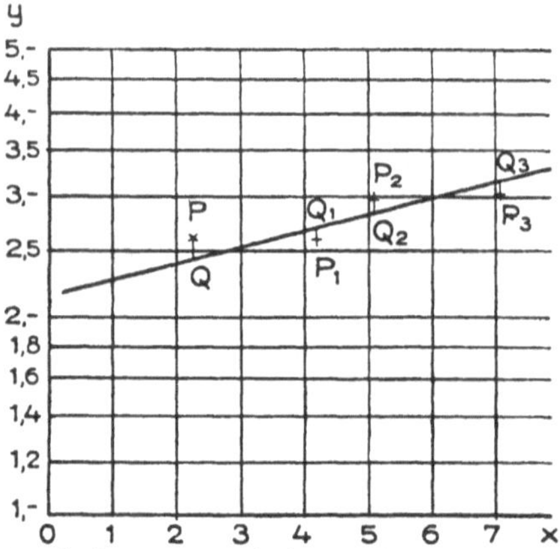

Abb. 60. Ausgleichung von Beobachtungen bei logarithmischem Netz

man (vgl. Abb. 60) eine beliebige Gerade, die möglichst vielen Punkten P möglichst nahe liegt, legt durch jeden Punkt P eine Parallele zur Ordinatenachse und bezeichnet deren Schnittpunkt mit der Geraden mit Q, die Differenz der y-Werte für P und Q mit z, dann verlangt die Theorie der kleinsten Quadratsumme, daß die Gerade so gelegt wird, daß $\Sigma z = 0$ und Σz^2 = ein Minimum. Wäre die Skala für y eine gleichförmige, so wäre jedes z gleich dem betreffenden Längenabstand QP.

Da aber die y-Skala logarithmisch ist, die Teilstriche für y also mit wachsendem y immer dichter zusammenrücken, so müssen die QP in Netzteilstrichen abgelesen werden, oder, wenn kein vorgedrucktes Netz vorhanden ist, so muß jedes QP durch den zugehörigen Strichabstand der y-Skala (für immer gleich große y-Zunahme genommen) dividiert werden, um z zu ergeben. Diese Strichabstandsgröße ist für die Skalendarstellung genau dasselbe wie für eine Kurve die in § 7 behandelte Steigung oder die entsprechende Ordinate ihrer Differentialkurve. Für die Funktion $\eta = \lg y$ hat diese Größe den Wert $y' = \frac{1}{y}\cdot$ Wir haben also

$$z = \frac{QP}{\eta'} = y \cdot QP.$$

Die Forderung, daß $\sum \frac{QP}{\eta'} = 0$, besagt nun, daß die Gerade $Q\,Q_1\,Q_2$ durch denjenigen Schwerpunkt der Punkte P hindurchgehen muß, den man erhält, wenn man sich jeden Punkt P mit dem Gewicht $\frac{1}{\eta'} = y$ belastet denkt. Die zweite Bedingung $\Sigma z^2 =$ Min. wird graphisch in derselben Weise befriedigt wie in dem vorigen Beispiel, indem nur die Quadrate nicht aus den gemessenen Werten QP selbst, sondern aus ihren Quotienten durch η', hier also aus ihren Produkten mit y gebildet werden. Hat man so die Gerade gefunden, so liest man aus ihrer Steigung $\lg b$ und aus ihrem Abschnitt auf der η-Achse $\lg a$ ab, woraus a und b selbst bestimmt werden können. Für die vier Punkte in Abbildung 59 würde man z. B. erhalten

QP	y	$z = QP \cdot y$	z^2
+ 0,32	2,6	0,83	0,69
— 0,20	2,6	— 0,52	0,27
+ 0,25	3,0	0,75	0,56
— 0,20	3,0	— 0,60	0,36
		Σ = 0,46	1,88

Es kommt indessen häufig vor, daß eine Formel für Beobachtungswerte gesucht wird, die in keinem der behandelten Skalennetze ohne weiteres eine Gerade ergeben. Es ist dann nicht möglich, den betreffenden Zusammenhang direkt durch eine der benutzten Funktionen darzustellen. Man wird zu komplizierter gebauten Ausdrücken, im allgemeinen mit mehr als zwei Konstanten greifen müssen, um die Beobachtungen darzustellen.

Eine naheliegende Form für einen solchen Ausdruck ist z. B. die Potenzsumme oder ganze rationale Funktion

$$f(x) = a_0 + a_1 x + a_2 x^2 + \cdots + a_n x^n.$$

Ebenso wie sich durch zwei Punkte immer eine Gerade legen läßt, deren Gleichung die Form hat $y = a_0 + a_1 x$, so läßt sich durch drei Punkte eine Kurve zweiten Grades legen, deren Gleichung lautet $y = a_0 + a_1 x + a_2 x^2$; bei vier Punkten enthält die Gleichung der entsprechenden Kurve außerdem das Glied $a_3 x^3$ usw. Durch n-Punkte läßt sich im allgemeinen immer eine Kurve vom $(n - 1)$. Grade legen. Ist eine Kurve durch zahlreiche Punkte gegeben, so kann man davon z. B. 3 oder 4 oder 5 auswählen und durch diese die ganze rationale Funktion 2., 3. oder 4. Grades legen. Die der Formel entsprechende Kurve wird sich dann der gegebenen um so genauer anschmiegen, je mehr Punkte man zugrunde gelegt hat. Die Koeffizienten a_0, a_1 usw. können aus den Ordinaten der Punkte berechnet werden, auch gibt es graphische Methoden, um aus den n gegebenen Punkten die ganze rationale Funktion $(n - 1)$ten Grades punktweise zu konstruieren. Näheres hierüber siehe bei C. Runge, Graphische Methoden [R 19].

Bei periodischen Funktionen empfiehlt sich eine andere Darstellungsart, nämlich durch eine Summe von Sinus- und Cosinusfunktionen, die „Fouriersche Reihe". Man setzt

$$\begin{aligned} f(x) = a_0 &+ a_1 \sin x + a_2 \sin 2x + a_3 \sin 3x + \ldots \\ &+ b_1 \cos x + b_2 \cos 2x + b_3 \cos 3x + \ldots \end{aligned}$$

und nimmt wiederum so viele Summanden, daß die gegebene Funktion mit hinreichender Genauigkeit dargestellt wird. Auch hier gibt es rechnerische und zeichnerische Methoden, um aus den gegebenen Punkten die entsprechende Anzahl von Werten $a_0\, a_1\, a_2 \ldots b_1\, b_2$ zu ermitteln [S 1]. Auch hat man mechanische Apparate gebaut, die nach Umfahren der gegebenen Kurve diese Werte abzulesen erlauben. Näheres siehe bei Mader, ETZ. 1909, S. 847; v. Sanden, Arch. f. El. Techn. I, 42, 1912; Lübke, Phys. Zs. 1915, S. 453.

Für manche Kurven leistet auch der folgende Ansatz gute Dienste: $y = Ax^p + Bx^q$. Diese Formel zeichnet sich dadurch aus, daß, wenn man die ihr entsprechenden Werte in ein doppelt logarithmisches Netz einträgt, die Kurve zwei Asymptoten besitzt, deren Steigungen die Werte p und q darstellen. Wenn man daher eine gegebene Kurve in ein solches Netz überträgt und findet, daß die entstehende Kurve einen derartigen Verlauf hat, so weiß man, daß die Kurve durch einen solchen Ansatz darstellbar ist, und kann durch Zeichnen dieser Asymptoten die Werte p und q bestimmen. Im allgemeinen werden sich die Asymptoten aus der Kurve nicht ohne weiteres entnehmen lassen, jedoch gibt es Methoden, nach denen sie sich mit einiger Sicherheit ermitteln lassen [P 6, Sch 15]. Auch wenn die Werte von p und q einigermaßen willkürlich gewählt sind, ist man meist doch imstande, durch passende Wahl von A und B die gegebene Kurve innerhalb eines bestimmten Intervalles mit guter Genauigkeit anzunähern. Es ist z. B. meist möglich, p und q ganzzahlig oder als Brüche kleiner Zahlen anzunehmen, wodurch die Formel für die Anwendung bequem wird. Die Ermittlung von A und B ist ein Beispiel für die Lösung von linearen Gleichungen mit zwei Unbekannten. Sie läßt sich daher graphisch wie die auf S. 55 ff. behandelten Beispiele durchführen. Man betrachtet A und B als Unbekannte, für die man ein A, B-Koordinatennetz anlegt. Irgendein Wertepaar x, y liefert dann, wenn man x^p und x^q berechnet (oder nach S. 40 ff. von zwei Geraden im logarithmischen Netz abliest), die Koeffizienten einer linearen Gleichung und damit eine Gerade im A, B-System. Sind p und q gut gewählt, so müssen alle Geraden, die man für verschiedene Wertepaare x, y findet, durch einen Punkt gehen, dessen Koordinaten dann die gesuchten Werte von A und B sind. Eine zweite Methode, A und B graphisch zu bestimmen, die in diesem Fall noch einige Vorteile hat, wird weiter unten in Kap. III § 25 nach Besprechung der Linienkoordinaten behandelt werden.

Drittes Kapitel

Darstellung der Abhängigkeit von drei und mehr Größen

§ 18. Das Wesen der Rechentafel

Der Wert graphischer Darstellungen wird ganz besonders deutlich, wenn es sich um Zusammenhänge von mehr als zwei Größen handelt. Denn mit der Zahl der beteiligten Variablen werden natürlich die Abhängigkeitsverhältnisse immer verwickelter, so daß es nicht möglich ist, sie ohne Hilfsmittel klar zu übersehen. Denken wir z. B. an den elektrischen Widerstand einer Legierung, der zugleich Funktion ihrer Zusammensetzung und der Temperatur ist. Da die Zunahme des Widerstandes mit der Temperatur (der sog. Temperaturkoeffizient) für jede Zusammensetzung eine andere sein wird, ist es nicht leicht, sich die Gesamtheit der zusammengehörigen Werte einigermaßen zu vergegenwärtigen, wenn man nicht bestimmte anschauliche Vorstellungen zu Hilfe nimmt. Aber die graphische Darstellung leistet, wie wir schon gesehen haben, noch mehr als bloß die Erleichterung der Übersicht. Sie erlaubt uns, bei einer Funktion, die nur durch eine beschränkte Anzahl beobachteter Werte gegeben ist, durch Interpolation auf beliebige Zwischenwerte zu schließen. Dies würde bei mehr als zwei Variabelen ohne graphische Hilfsmittel eine sehr umständliche Rechnung erfordern. Aber auch für Funktionen, deren theoretischer Zusammenhang bekannt ist, hat die graphische Darstellung große praktische Bedeutung, da sie an die Stelle der Berechnung der Funktionswerte aus der Formel eine bloße Ablesung setzt. Mathematische Funktionen mit mehreren Veränderlichen haben ein sehr viel weiteres Anwendungsfeld als die Funktionen von bloß einer Variablen; fast jede in der Praxis vorkommende Berechnungsformel irgendwelcher Größen enthält ja mehrere Bestimmungsstücke, die unabhängig voneinander verschiedene Werte annehmen können, so ist z. B. die Fläche eines Rechtecks Funktion der beiden Seiten, das Volumen des Zylinders Funktion von Radius und Höhe, der Widerstand eines Leiters Funktion von Länge, Querschnitt und Spez. Widerstand usw. Insbesondere in der Technik wird es nun häufig vorkommen, daß ein und dieselbe Formel immer wieder für verschiedene Werte der Variablen ausgewertet werden muß. Es kann daher eine sehr wesentliche Zeitersparnis erzielt werden, wenn man durch das Anlegen einer graphischen Darstellung, die allerdings zunächst einen gewissen Zeitaufwand erfordert, alle die späteren Berechnungen auf eine schnell durchführbare Ablesung zurückführt. Man bezeichnet daher die graphischen Darstellungen mit mehreren Veränderlichen als „Rechentafeln", weil durch ihre Verwendung Ergebnisse gewonnen werden, die sonst nur durch Rechnung zu erhalten wären. Der Zweig der Wissenschaft, der sich mit den Rechentafeln befaßt, wird Nomographie genannt, die Tafeln heißen auch „Nomogramme" [O 1]. (s. Anmerk. § 15.) Nomogramme sind also Zahlenspeicher.

Die leichte Herstellbarkeit solcher Rechentafeln (im Gegensatz z. B. zur Logarithmentafel oder zum Rechenschieber) macht es möglich, daß man für jede häufiger vorkommende Rechnung eine besondere Tafel konstruieren kann, auf der den in Betracht kommenden Bereichen der Variablen Rechnung getragen wird, und die eine vollständige Beschriftung tragen, so daß alle Überlegungen über Stellung des Kommas, Einheiten oder Benennungen wegfallen.

Die beiden wichtigsten Arten der Rechentafeln sind die Netztafeln und die Fluchtlinientafeln, mit deren Herstellung und Verwendung wir uns in den folgenden Paragraphen zu beschäftigen haben werden.

A) NETZTAFELN

§ 19. Räumliche und ebene Darstellung

Da wir einen Zusammenhang zweier Variablen in einer Ebene dargestellt haben, indem wir die beiden Größen auf den beiden zueinander senkrechten Richtungen der Ebene abtrugen, liegt es nahe, einen Zusammenhang zwischen drei Variablen räumlich darzustellen, indem man jede der drei Größen auf einer der drei zueinander senkrechten Raumrichtungen abträgt. Wir betrachten ein Beispiel aus der Metallkunde. Die durchschnittliche Größe der Kristallkörner eines Metalls hängt ab von der Temperatur des Ausglühens (zwecks Rekristallisation) und von der Stärke der vorangegangenen Bearbeitung. Die Stärke der Bearbeitung, z. B. beim Walzen, drückt man durch die prozentuale Dickenabnahme des gewalzten Bleches aus, die wir als Walzgrad W bezeichnen wollen. Wir können uns nun zunächst eine W, T-Ebene denken, auf der die Koordinaten jedes Punktes einer Wertekombination von Walzgrad und Temperatur entsprechen. Den Wert, den die Korngröße für jeden dieser Fälle hat, denkt man sich dann auf dieser Ebene senkrecht in die Höhe abgetragen. Die Endpunkte aller dieser Senkrechten bilden eine bestimmte gewölbte Fläche über der W, T-Ebene. Wurde also eine Funktion einer Variablen durch eine Kurve in einer Ebene, so wird eine solche von zwei Variablen durch eine Fläche

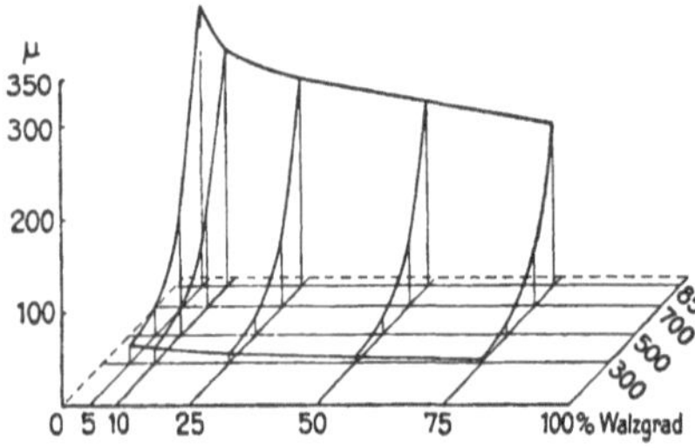

Abb. 61. Räumliche Darstellung einer Funktion von zwei Variablen. (Nach: Zeitschrift für Metallkunde, 1928)

im Raum dargestellt. Diese Darstellung ist aber sehr unbequem zu realisieren. Um wichtige derartige Zusammenhänge anschaulich zu machen, hat man wohl Modelle solcher Flächen aus Gips hergestellt oder sie durch gespannte Fäden mit Perlen angedeutet. Oder man bildet ein solches Modell durch eine perspektivische Zeichnung in der Ebene ab. Abb. 61 zeigt eine solche für das eben besprochene Beispiel. Neben der Schwierigkeit der Herstellung haben alle diese Methoden den Nachteil, daß die Ablesung der Funktionswerte für gegebene Werte der Variablen nur schwierig oder ungenau möglich ist. Dieser Nachteil wird vermieden, wenn man sich zur Darstellung der Fläche eines Verfahrens bedient, das in der Kartographie zur Darstellung der Höhen und Tiefen des Geländes vielfach benutzt wird. Man denkt sich nämlich auf der Fläche Kurven gleicher Höhe in gleichen Höhenabständen gezogen — im Gelände spricht man von Höhenlinien oder Niveaulinien — und zeichnet nun die Projektionen dieser Kurven auf die Grundebene, also gewissermaßen ihren Grundriß; an jede solche Grundrißlinie wird der zugehörige Höhenwert angeschrieben. Für ein geübtes Auge vermittelt auch diese Darstellung ein anschauliches Bild. Man weiß, daß die Fläche da, wo die gleichabständigen Höhen entsprechenden Höhenlinien nahe beisammen liegen, steil verläuft, um ein Maximum oder Minimum ziehen sich die Höhenlinien zu kleinen Ellipsen zusammen. Für unser Beispiel gibt Abb. 62 die Höhenliniendarstellung der in Abb. 61 perspektivisch dargestellten Fläche, wobei allerdings da, wo die gleichabständigen Höhenlinien zu dicht an-

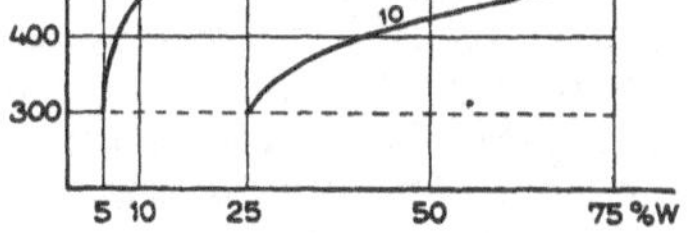

Abb. 62. Ebene Darstellung einer Funktion von zwei Variablen

einanderrücken, die Höhenabstände größer gewählt sind. Man kann nun bei der Betrachtung einer solchen Darstellung die Vorstellung einer räumlich gekrümmten Fläche auch ganz beiseite lassen. Wir sind ausgegangen von einem Koordinatennetz x, y (im Beispiel W, T), in dem die eine Schar paralleler Geraden Linien x = konst., die andere Schar Linien y = konst. sind. Hierüber ausgebreitet liegt nun eine Schar von Kurven z = konst. Wir haben also ein Netz aus drei Kurvenscharen, von denen zwei Scharen paralleler Geraden sind. Jeder Punkt ist Schnittpunkt von drei Kurven aus je einer dieser drei Scharen und gibt dadurch ein zusammengehöriges Wertetripel x, y, z an. Man nennt eine Darstellung dieser Art eine Netztafel.

§ 20. Interpolation in Netztafeln

Ist eine Funktion $z = f(x, y)$ durch eine Netztafel gegeben und soll der Wert von z für gegebene Werte von x und y gefunden werden, so sucht man den betreffenden Punkt der xy-Ebene auf und sieht nach, auf welcher Kurve z = konst. er liegt. Falls er in dem Gebiet zwischen zwei solchen Kurven liegt, so ist der z-Wert dazwischen entsprechend zu interpolieren. Dies ist nun ohne weiteres nur dann mit einiger Genauigkeit möglich, wenn die z-Kurven entweder sehr dicht liegen oder wenn sie angenähert parallel und in gleichen Abständen verlaufen. Ist dies nicht der Fall, so kann man sich mit Vorteil eines Verfahrens bedienen, das wir an einem Beispiel erläutern wollen. In der Abb. 63 ist der Zusammenhang zwischen Druck, Temperatur und spezifischer Wärme des Wasserdampfes dargestellt, indem für Druckwerte von zwei zu zwei Atmosphären die Abhängigkeit der spezifischen Wärme von der Temperatur als Kurven dargestellt sind. Temperatur und spezifische Wärme entsprechen den Koordinaten x und y; die Schar nach unten konvexer Kurven, an denen die Werte des Druckes in Atmosphären angeschrieben stehen, sind die Kurven z = konst. In diese Netztafel ist nun eine

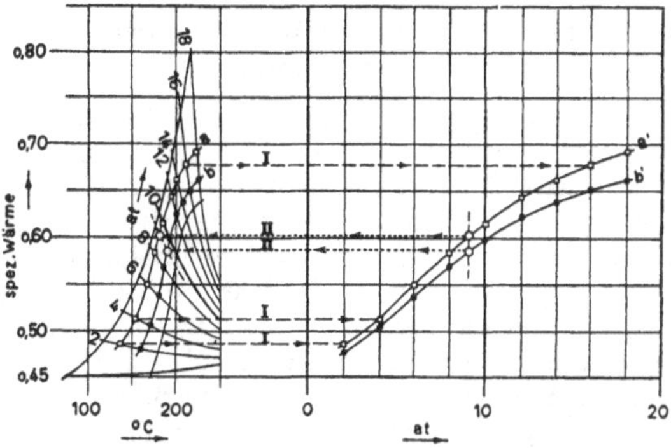

Abb. 63. Interpolation mittels Kreuzkurven

Anzahl von Kurven willkürlich hineingezeichnet, die wir Kreuzkurven nennen wollen, und von denen nur verlangt werden muß, daß sie die Kurven z = konst. nicht unter zu spitzen Winkeln schneiden dürfen. Auf diesen Kreuzkurven kann man nun Skalen für z mit beliebig feiner Unterteilung anbringen. Hierzu legt man eine Hilfskonstruktion an, indem man ein Koordinatennetz für y und z entwirft, das in der Abbildung rechts neben der Netztafel zu sehen ist. In dieses Netz trägt man für jede Kreuzkurve (z. B. die Kurve a) die den Schnittpunkten der Kreuzkurve mit den Druckkurven z = konst. entsprechenden Punkte ein und verbindet diese durch eine Kurve a'. Durch Vermittlung dieser Kurve a' kann man nun für jeden Zwischenwert des Druckes z den auf der betreffenden Kreuzkurve zugehörigen Wert der spez. Wärme y ablesen und den entsprechenden Punkt der Kreuzkurve danach markieren. So entsteht auf der Kreuzkurve a eine Skala von Zwischenwerten. Dasselbe macht man für die andern Kreuzkurven. Soll nun für einen beliebigen Punkt zwischen den Kurven der z-Wert gefunden werden, so ist das mit Berücksichtigung der Skalen auf den beiden benachbarten Kreuzkurven ohne Schwierigkeit möglich)*).

*) Pirani, M. Z. f. angew. Mathem. u. Mech. 1923 Bd. 3, Heft 3 S. 235/36.

§ 21. Netztafeln mit Geradenscharen. Multiplikationstafel

Zur Herstellung einer Netztafel aus einer gegebenen Funktion $z = f(x, y)$ kann man so verfahren, daß man z der Reihe nach die Werte 0, 1, 2, 3 usw. annehmen läßt. Für jeden dieser Werte ergibt sich dann eine Gleichung zwischen x und y, z. B. für $z = 2$ die Gleichung $f(x, y) - 2 = 0$, aus der man sich eine Tabelle für den Zusammenhang $y(x)$ berechnen und danach die Kurve in der xy-Ebene zeichnen kann. So erhält man der Reihe nach die sämtlichen Kurven $z =$ konst. Soll z. B. die Funktion $z = x \cdot y$ dargestellt werden, so erhält man für $z = 1$ die Gleichung $y = \frac{1}{x}$, für $z = 2$ $y = \frac{2}{x}$, usw. Die Kurven $z =$ konst. sind sämtlich Hyperbeln mit der x- und y-Achse als Asymptoten. Abb. 64 zeigt die entsprechende Tafel, die schon im Jahre 1798 von Pouchet angegeben wurde.

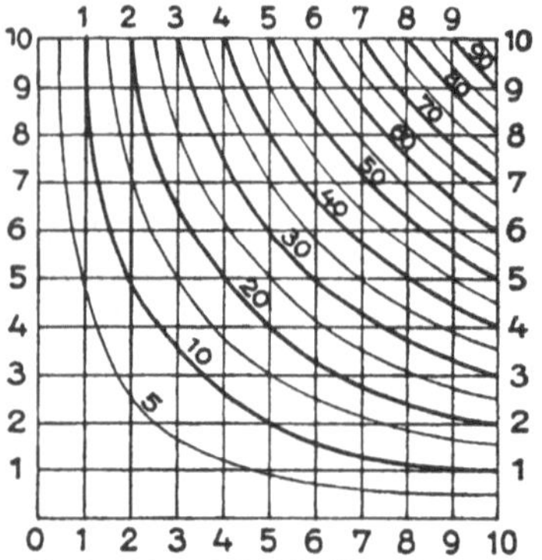

Abb. 64. Hyperbeltafel. (Die Naturwissenschaften 1922, Heft 36)

Es leuchtet nun ein, daß die Herstellung der Tafel sehr vereinfacht wird, wenn die Kurven $z =$ konst. selbst gerade Linien sind. Dies kann man häufig durch geeignete Skalen für x und y erreichen.

Bei der eben behandelten Funktion z. B. ergibt der Übergang zu Logarithmen $\lg z = \lg x + \lg y$. Setzen wir $\lg x = \xi$ und $\lg y = \eta$, d. h. benutzen wir für x und y ein doppelt-logarithmisches Netz, so werden die Kurven $z =$ konst. im $\xi\eta$-System gerade Linien, deren Gleichung lautet

$$\eta = \text{konst.} - \xi.$$

Die z-Schar besteht daher aus parallelen Geraden, die unter 45° nach abwärts geneigt sind. Abb. 65 gibt eine derartige Tafel, wie sie 1850 von Lalanne angegeben wurde. Da sie Produkte aus zwei Faktoren ablesen läßt, wird sie als Multiplikationstafel bezeichnet. Man kann aber auch Divisionen an ihr ablesen, indem man statt von x und y von x und z oder von y und z ausgeht und y bzw. x abliest. Diese Tafel kann daher als Ersatz für einen Rechenschieber benutzt werden.

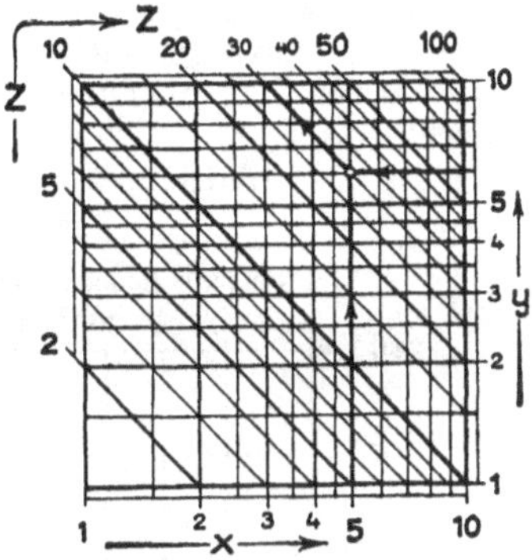

Abb. 65. Logarithmische Multiplikationstafel. (Nach: Schwerdt, Einführung i. d. prakt. Nomographie, Berlin 1924)

Da es bei der oben dargestellten Multiplikationstafel unter Umständen störend sein kann, daß der Strichabstand der Skalen bei größeren Zahlen immer kleiner wird, wollen wir im folgenden noch eine Tafelform beschreiben, die ebenfalls zur Ablesung von Produkten und Quotienten dienen kann und auch aus drei Geradenscharen gebildet wird. Suchen wir nämlich in einem gleichförmigen xz-Netz die Kurven $y = \frac{z}{x} =$ konst., so sind dies gerade Linien, die durch den 0-Punkt gehen, und dies bleibt auch bestehen, wenn man für x und z beliebige verzerrte Teilungen, jedoch für beide dieselbe, einführt. Eine Tafel dieser Art zeigt Abb. 66 [Sch 17, Sch 20]; die dient zur Berechnung der Vorführungszeit y eines Films von der Länge z bei gegebener Bildzahl pro Sek. x. Um einen genügenden Bereich für z

zu bekommen, sind für z und x Skalen $\eta = \sqrt{z}$, $\xi = \sqrt{x}$ gewählt; die Geraden $y =$ konst. werden durch einen beweglichen Zeiger gebildet, der um den 0-Punkt drehbar ist. Bei der gezeichneten Stellung lesen wir z. B. ab (durch starke Linie hervorgehoben), daß bei 20 Bildern pro Sek. ein Film von 800 m Länge 34 Minuten zur Vorführung braucht.

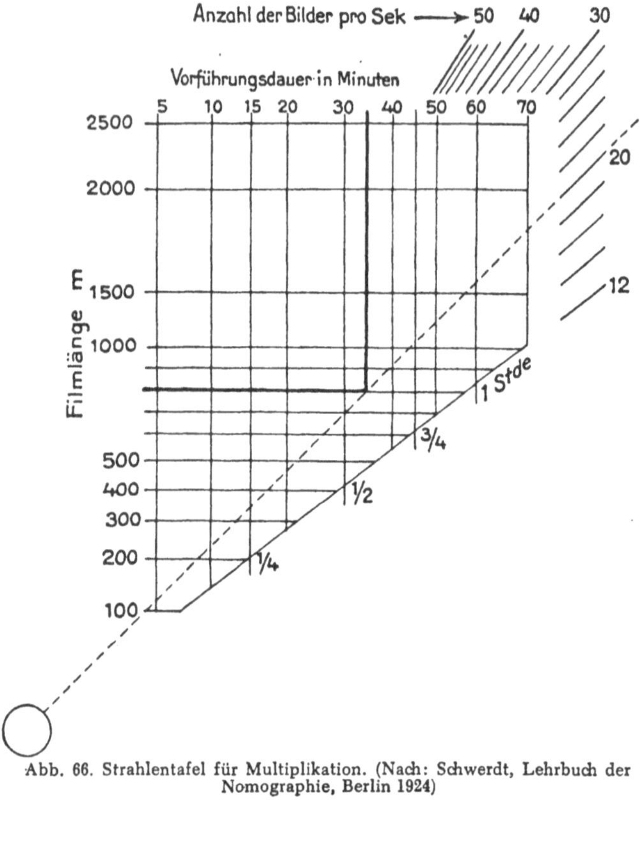

Abb. 66. Strahlentafel für Multiplikation. (Nach: Schwerdt, Lehrbuch der Nomographie, Berlin 1924)

Mit dieser Darstellung haben wir ein Beispiel für eine sogenannte Strahlentafel kennengelernt, d. h. eine Netztafel, in der die eine Kurvenschar in einer Schar von Geraden durch einen Punkt besteht. Dies hat den besonderen Vorteil, daß die Geraden durch einen um den Punkt drehbaren Zeiger oder durch einen gespannten Faden, der um einen Stift gelegt wird, dargestellt werden können. Die Bezifferung der Strahlenschar wird in diesem Fall am Rande der Tafel angebracht. Die Beweglichkeit der Geraden erleichtert die Interpolation, da man dem Faden jede beliebige Stellung geben kann, während gezeichnete Geraden immer nur in gewissen festen Abständen möglich sind. Auch wird die Tafel übersichtlicher, weil sie nur zwei gezeichnete Kurvensysteme zu enthalten braucht.

Man kann diesen Gedanken auch weiter ausnützen, indem man Tafeln konstruiert, in denen zwei der Kurvenscharen Strahlenbüschel sind und nur die dritte aus einem System gezeichneter Kurven besteht.

§ 22. Wanderkurvenblätter

Eine besondere Abart der Netztafeln läßt sich konstruieren, wenn man es so einrichten kann, daß die sämtlichen Kurven der einen Schar sich alle gegenseitig kongruent sind. Man kann dann nämlich, wie Kretschmer [K 19] gezeigt hat, die Form der Kurve ein für allemal auf einem besonderen Deckblatt anbringen, das entweder durchsichtig ausgebildet wird, oder dessen Rand man schablonenartig nach dem Verlauf der Kurve ausschneidet. Indem man dieses Deckblatt über dem Netz der beiden andern Kurven- oder Geradenscharen verschiebt, läßt man die bewegliche Kurve die Lage der sämtlichen Angehörigen der Schar durchlaufen.

Wir wollen dies an einem Beispiel erläutern. Bei der Berechnung der Zickzacknietung gilt die Formel

$$e = \frac{1}{10}\sqrt{(11\,p + 4\,d) \cdot (p + 4\,d)},$$

wo e der Abstand der Nietreihen, p der Abstand zweier Niete und d der Durchmesser einer Niete ist. Dividiert man durch d, so erhält man

$$\frac{e}{d} = \frac{1}{10}\sqrt{\left(11\,\frac{p}{d} + 4\right) \cdot \left(\frac{p}{d} + 4\right)}$$

Gehen wir zu Logarithmen über, so erhalten wir

$$\lg e - \lg d = f(\lg p - \lg d),$$

wenn $f(x)$ als Abkürzung der Funktion

$$\lg \frac{1}{10}\sqrt{(11 \cdot 10^x + 4) \cdot (10^x + 4)}$$

eingeführt wird. Setzen wir nun

$$\lg e = \eta$$
$$\lg p = \xi,$$

so erhalten wir für jedes $\lg d =$ konst. eine Gleichung

$$\eta - \text{konst.} = \text{f}(\xi - \text{konst.}),$$

d. h. in einem logarithmischen e, p-Netz bekommen wir für die verschiedenen d-Werte immer dieselbe kongruente Kurve, deren Anfangspunkt nur um $\lg d$ nach rechts und nach oben verschoben ist. Abb. 67 zeigt die danach konstruierte Wanderkurventafel, also ein logarithmisches Netz für e und p. Die bewegliche Schablone mit der Wanderkurve muß immer so liegen, daß ihre beiden rechtwinkligen Ränder den Netzgeraden parallel sind und ihr Anfangspunkt sich auf der unter 45° geneigten Geraden $e = p$ verschiebt*). Die zu einem bestimmten d-Wert ge-

*) In unserm Beispiel ist aus praktischen Gründen die Schablone so geschnitten, daß sie den Koordinatenanfang nicht enthält. Man läßt statt dessen den 1. Punkt der 2. Punktreihe auf der ausgezogenen Geraden wandern.

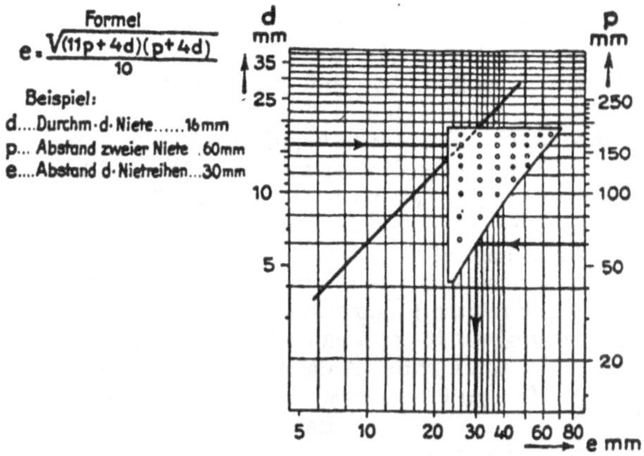

Abb. 67. Wanderkurvenblatt für Zickzacknietung. (Nach: RKW-Veröffentlichungen Nr. 23, Graphisches Rechnen)

hörige Stellung wird gefunden, indem man d auf der Skala links aufsucht, von da längs einer Horizontalen auf die schräge Gerade hinübergeht und den Anfangspunkt des Deckblattes an diese Stelle bringt. Die einzelnen Punkte der Wanderkurve liefern dann die zu diesem d-Wert gehörigen Werte von e und p in der üblichen Weise auf den Skalen unten und rechts.

Unter Berücksichtigung der in der Praxis der Niettechnik auftretenden Toleranzen läßt sich die Formel mit Hilfe eines Näherungsverfahrens nach Wolf [W 20] so umformen, daß der entstehende Ausdruck, wie William gezeigt hat [W 24], die Konstruktion eines Sonderrechenschiebers ermöglicht.

Allgemein kann man eine Wanderkurvendarstellung immer dann anwenden, wenn die Variablen in der Gleichung zu Produkten oder Quotienten vereinigt auftreten, und zwar können es auch vier verschiedene Variable sein. Hat die Gleichung die Form

$$\frac{y}{u} = \varphi\left(\frac{x}{z}\right),$$

so kann man sie in die folgende Form bringen:

$$\lg y - \lg u = f(\lg x - \lg z).$$

Das bedeutet, daß in einem logarithmischen x, y-Netz alle zu den verschiedenen Wertepaaren u, z gehörigen Kurven kongruent sind, mit einem jeweils um $\lg u$ nach oben und um $\lg z$ nach rechts verschobenen Anfangspunkt. Man konstruiert also ein logarithmisches Netz, an dem man links u und oben z abträgt, und ferner eine Schablone, deren Kurve die Funktion f darstellt. Die Ablesung an der Tafel gestaltet sich wie folgt: man sucht die gegebenen Werte von u und z auf, legt den Anfangspunkt der Schablone auf den betreffenden Punkt, sorgt dafür, daß ihre Ränder den Netzgeraden parallel sind und findet zu den einzelnen Kurvenpunkten an den logarithmischen Skalen unten und rechts die zugehörigen Werte von x und y. Ebenso, wenn die ursprüngliche Gleichung lautet

$$y \cdot u = \varphi(x \cdot z),$$

so bringt man sie in die Form

$$\lg y + \lg u = f(\lg x + \lg z).$$

Die Darstellung ist genau dieselbe wie oben, nur daß die Schablone statt nach oben und rechts jetzt nach unten und links zu verschieben ist; die logarithmischen Skalen für u und z werden daher jetzt am besten auf der Schablone selbst angebracht und diese so verschoben, daß der Anfangspunkt des Grundblattes mit dem Punkt u, z des Schablonennetzes zur Deckung kommt.

Schließlich kann man auch noch beides kombinieren und dadurch Gleichungen zwischen sechs Variablen von der Form

$$\frac{y \cdot u}{r} = \varphi\left(\frac{x \cdot z}{s}\right)$$

zur Darstellung bringen. Man hat dazu den Punkt u, z des logarithmischen Netzes der Schablone auf den Punkt r, s des logarithmischen Netzes des Grundblattes zu legen, dann liefert die Schablonenkurve zusammengehörige

Werte x, y. Da für die beiden Netze das käufliche Logarithmenpapier verwendet werden kann, ist die Mühe der Herstellung einer solchen Tafel gering.

Ein weiteres Beispiel siehe bei Giebel, Deutsche Uhrmacherzeitung 1924, Nr. 10, 11, 12 und Kretschmer, ebenda Nr. 36.

Zur Berechnung der Wicklungsumgänge von Uhrfedern wird die Funktion

$$n = \frac{\sqrt{10 \cdot r_1^{\;2} - 9 r_2^{\;2}} - 4 r_1 + 3 r_2}{3{,}45 s}$$

umgeformt zu

$$\frac{n \cdot s}{r_1} = \varphi\left(\frac{r_2}{r_1}\right),$$

wobei

$$\varphi(x) = \frac{\sqrt{10 - 9x^2} - 4 + 3x.}{3{,}45}$$

B. FLUCHTLINIENTAFELN

α) Verwendung von Parallelkoordinaten

§ 23. Die Methode der fluchtrechten Punkte

Noch größere Bedeutung als die Netztafeln haben die Rechentafeln der zweiten Art, die oben schon erwähnten Fluchtlinientafeln, deren Wichtigkeit für die Technik und Wissenschaft überall da, wo es sich darum handelt, Zusammenhänge von mehr als zwei Größen der Betrachtung zugänglich zu machen, in stetem Steigen begriffen ist. Die Methode der fluchtrechten Punkte, auf der sie beruhen, wurde in den 80er Jahren des vorigen Jahrhunderts in Frankreich von Maurice d'Ocagne begründet und zu einem hohen Grade der Vollkommenheit gebracht. In Deutschland wurde sie zuerst von Rudolf Mehmke auf praktische Probleme angewandt und weiterentwickelt. Von Mehmke stammt auch der außerordentlich treffende deutsche Name für dieses Gebiet der graphischen Darstellung, dessen

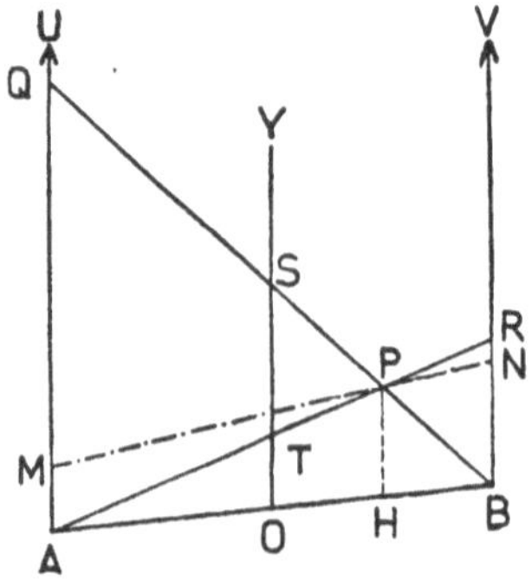

Abb. 68. Punkt im Parallelkoordinatensystem

Grundlage die Anwendung der Linienkoordinaten, und zwar hauptsächlich der Parallelkoordinaten bildet. Im Gegensatz zu den rechtwinkligen Koordinaten, bei denen zwei zueinander senkrecht stehende Linien, die Abszisse und Ordinate, als Bezugslinien verwendet werden, bilden bei den Parallelkoordinaten zwei zueinander parallel verlaufende Achsen u und v das Bezugssystem (Abb. 68). Statt des Nullpunktes der rechtwinkligen Koordinaten wird der Anfang durch eine Nullinie AB bezeichnet. Durch zwei Abschnitte auf der u- und v-Achse, zwei Koordinaten u und v, wird eine Gerade festgelegt (in Abb. 68 MN), und zwei sich schneidende Geraden bestimmen einen Punkt. Man sieht, daß die für dieses Koordinatensystem gültigen Leitsätze die Umkehrung derjenigen Sätze bedeuten, die für kartesische Winkelkoordinaten gelten*), denn in diesen wird durch zwei Koordinaten x und y der Punkt bestimmt und durch zwei Punkte die Gerade. Im folgenden soll zunächst untersucht werden, durch welche mathematische Form Punkte und Punktreihen in Parallelkoordinaten ausgedrückt werden (Dualität).

§ 24. Ableitung der Punktgleichung

Wir nehmen auf der Linie MN den Punkt P an und ziehen durch P die Geraden APR und BPQ und ferner eine Parallele PH zu den beiden Achsen. Wir führen ferner in das parallele Koordinatensystem ein schiefwinkliges Ko-

*) Wir haben uns bis jetzt stets mit rechtwinkligen kartesischen Koordinaten beschäftigt.

ordinatensystem ein, dessen x-Achse mit AB zusammenfällt und dessen y-Achse im Mittelpunkt O der Strecke AB parallel zur u- und v-Achse errichtet ist. Die Schnittpunkte der y-Achse mit den Geraden AR und BQ sind mit T und S bezeichnet. Die Linienkoordinaten einer Geraden MN sind, wie schon erwähnt, $AM = u$ und $BN = v$; wir wollen ferner die Strecken $AQ = \alpha$, $BR = \beta$ benennen, wobei zu beachten ist, daß AQ die Richtung von A nach Q bedeutet, die Strecke QA also das entgegengesetzte Vorzeichen erhalten würde. Im folgenden sollen die von AB nach oben und die von O nach rechts gerichteten Strecken also positiv betrachtet werden. Dies ist eine willkürliche Festsetzung, wir hätten z. B. ebensogut bestimmen können — und zuweilen geschieht das auch —, daß auf der v-Achse die Richtung von B nach unten die positive heißen soll. Aus der Abb. 67 ist nun ohne weiteres ersichtlich, daß

$$\frac{BN}{MQ} = \frac{NR}{AM} = \frac{PN}{MP} = \frac{v}{\alpha - u} = \frac{\beta - v}{u}$$

oder

$$\frac{u}{\alpha} + \frac{v}{\beta} = 1. \tag{35}$$

Diese Gleichung ist die Normalgleichung eines Punktes in Parallelkoordinaten, d. h. jedes Wertepaar u, v, das ihr genügt, stellt die Linienkoordinaten einer Geraden dar, die durch den Punkt geht.

Durch die einfache Umformung, nämlich wenn wir $\alpha = -\frac{c}{a}$ und $\beta = -\frac{c}{b}$ setzen, ergibt sich

$$au + bv + c = 0 \tag{36}$$

für die Gleichung des Punktes P auf der Geraden MN.

Wir suchen nun die Beziehungen zwischen den kartesischen Koordinaten x, y des Punktes P und den seine Lage, wie wir sahen, gleichfalls bestimmenden Größen a, b, c auf. Bezeichnen wir die Strecke $OB = - OA$ mit δ, so ist

$$\frac{HB}{AH} = \frac{\delta - x}{\delta + x} = \frac{PR}{AP} = \frac{BR}{AQ} = \frac{\beta}{\alpha}, \tag{37}$$

folglich
$$\frac{x}{\delta} = \frac{\alpha - \beta}{\alpha + \beta},$$
ferner
$$\frac{HP}{AQ} = \frac{y}{\alpha} = \frac{HB}{AB} = \frac{\delta - x}{2\,\delta} = -\frac{\beta}{\alpha + \beta}. \tag{38}$$
Setzt man hier für α und β die oben eingeführten Werte $-\frac{c}{a}$ und $-\frac{c}{b}$ ein, so ergibt sich
$$x = -\delta\,\frac{a - b}{a + b} \tag{39}$$
$$y = -\frac{c}{a + b} = HP. \tag{40}$$
Wir können also nach diesen Formeln aus den Koeffizienten a, b, c der Punktgleichung in Parallelkoordinaten die kartesischen Koordinaten x, y des Punktes berechnen. Von Interesse ist ferner die Bestimmung der Lage der durch den Punkt P führenden Parallelen zu den Achsen HP. Sie wird definiert durch die Lage des Punktes H: es ist nämlich
$$\frac{HA}{HB} = \frac{-\delta - x}{\delta - x} = \frac{x + \delta}{x - \delta} = \frac{\delta\,(a - b) - \delta\,(a + b)}{\delta\,(a - b) + \delta\,(a + b)} = -\frac{b}{a}, \tag{41}$$
d. h. wir können aus den Konstanten der Gleichung des Punktes P den Abstand derjenigen Parallele zu den Achsen u und v berechnen, welche durch P führt.

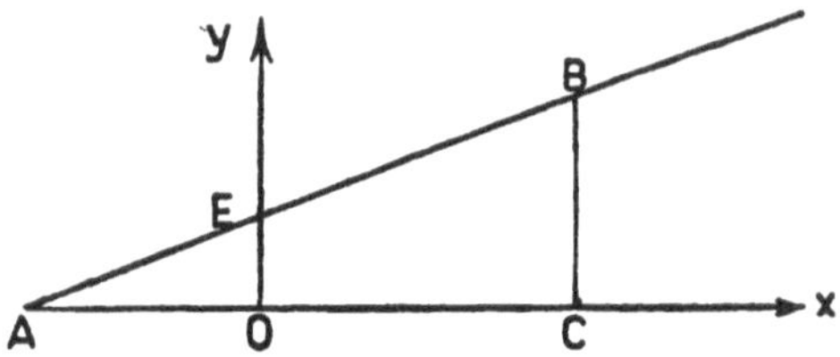

Abb. 69. Gerade im rechtwinkligen Koordinatensystem

Um uns mit dem Wert und dem Wesen der Parallelkoordinaten noch besser vertraut zu machen, setzen wir die im vorigen Paragraphen begonnene Gegenüberstellung der Parallelkoordinaten und der kartesischen Koordinaten fort, und zwar verwenden wir jetzt zum Vergleich die meist gebrauchten rechtwinkligen Koordinaten. In dem rechtwinkligen System der Abb. 69 seien x, y die Koordinaten des Punktes B. Die Gleichung der Geraden AB erhalten wir aus der Beziehung

$$CB = OE + OC \cdot \operatorname{tg} \varphi, \tag{42}$$

wenn φ den Winkel OAE bezeichnet. Setzen wir $\operatorname{tg} \varphi = m$ und den Achsenabschnitt $OE = n$, so haben wir

$$y = mx + n. \tag{43}$$

Läßt man in dieser Gleichung m verschiedene Werte annehmen, während n konstant bleibt, so dreht sich die entsprechende Gerade um den Punkt E. Läßt man bei konstantem m das n variieren, so verschiebt sich die Gerade parallel nach unten oder oben unter Beibehaltung ihres Neigungswinkels φ.

In genau dieselbe Form kann man nun auch die Gleichung eines Punktes in Linienkoordinaten bringen. Soll nämlich

$$v = m'u + n' \tag{44}$$

werden, so braucht man nur in Gleichung (35) oder (36) $m' = -\frac{a}{b} = -\frac{\beta}{\alpha}$ und $n' = -\frac{c}{b} = \beta$ zu setzen.

Die geometrische Bedeutung von m' und n' ist nach diesen Beziehungen leicht zu erkennen. m' ist nach (41) gleich dem Verhältnis $\frac{HB}{HA}$, also dem Verhältnis der Abstände des Punktes von den beiden parallelen Achsen. n' ist gleich dem Abschnitt BR, den die Verbindungslinie des Punktes P mit dem Nullpunkt A der u-Achse auf der v-Achse abschneidet. Lassen wir demnach in der Punktgleichung (44) m' verschiedene Werte annehmen, während n' konstant bleibt, so wandert P auf der Verbindungslinie AR. Läßt man aber bei konstantem m' das n' variieren, so bleibt das Verhältnis der Abstände des Punktes von den beiden Achsen erhalten, aber seine Höhe über AB

ändert sich, d. h. er wandert auf einer Parallelen zur u- und v-Achse. Dem Strahlenbündel um E im System der Punktkoordinaten entspricht also die Punktreihe AR im System der Linienkoordinaten. Der Parallelenschar in Punktkoordinaten entspricht die Punktschar mit achsenparalleler Trägergeraden bei den Linienkoordinaten. Insbesondere läßt sich leicht einsehen, daß der Schar der Parallelen zur x-Achse die Punkte der v-Achse selbst entsprechen und umgekehrt den Parallelen zur y-Achse*) die Punkte der u-Achse.

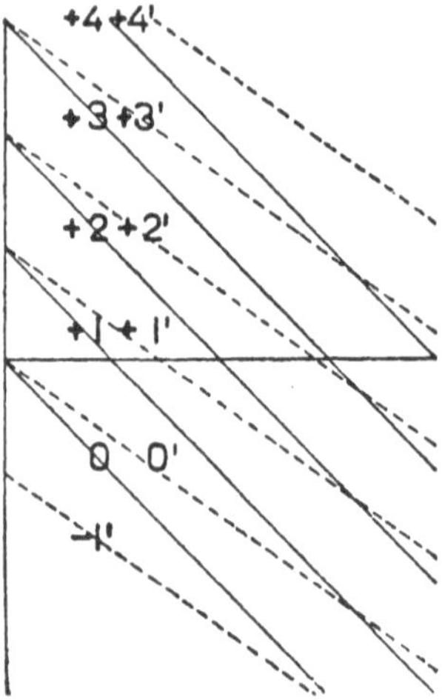

Abb. 70. Zwei Geradenscharen im rechtwinkligen System

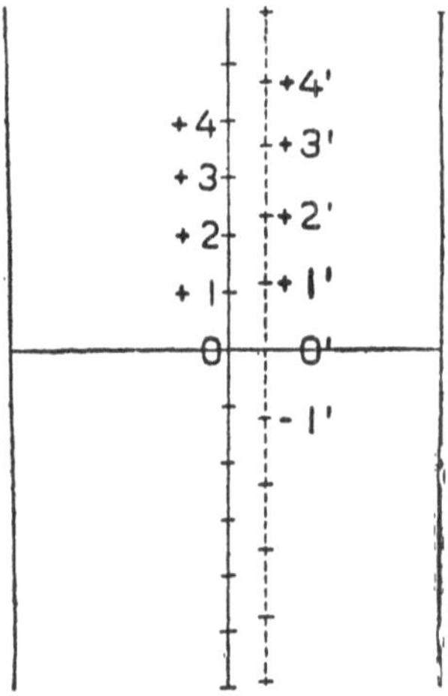

Abb. 71. Zwei Punktscharen in. Parallelsystem

*) Da in diesem Falle wegen $m = \infty$ die Gleichung (43) versagt, bedient man sich der Form $\frac{y}{m} = x + \frac{n}{m}$, in der $-\frac{n}{m} = -\frac{n}{tg\,\varphi}$, also nach Abb. 68 gleich $-OA$, d. h. gleich dem Abschnitt auf der x-Achse ist. Im Parallelkoordinatensystem ist die entsprechende Größe $-\frac{n'}{m'} = a$, gleich dem Abschnitt der verlängerten Verbindungslinie BP auf der u-Achse.

Das Gesagte wird in den Abb. 70 und 71 an einem Beispiel erörtert. Abb. 70 stellt in rechtwinkligen Koordinaten die zwei Geradenscharen $y = -x + n$ und $y = -0{,}7\,x + n$ dar, wo n variiert wird, d. h. die Geraden jeder Schar sind einander parallel, und die erste Schar hat 135° Neigung, die zweite 145° gegen die x-Achse, entsprechend $\operatorname{tg} 135 = -1$ und $\operatorname{tg} 145 = -0{,}7$. Abb. 71 zeigt das analoge Beispiel für Parallelkoordinaten, nämlich $v = -u + n'$ und $v = -0{,}7\,u + n'$, wo wieder n' variabel ist. Wir erhalten zwei Punktscharen, deren eine von einer in der Mitte zu den Achsen liegenden Parallelen getragen wird, während die andere auf einer Parallelen liegt, welche die Entfernung zwischen den Achsen im Verhältnis 0,7 : 1 teilt. Das negative Zeichen rührt daher, daß die von H aus gesehene Entfernung HA in Abb. 68 das umgekehrte Vorzeichen hat wie HB. Ebenso wie in Abb. 70 einige Linien der Geradenschar gezeichnet sind, sind in Abb. 71 einige Punkte der Punktschar durch Skalenstriche hervorgehoben.

§ 25. Auflösung linearer Gleichungen mittels Parallelkoordinaten

Da sich, wie wir sahen, eine lineare Gleichung im System der Parallelkoordinaten genau so gut darstellen läßt wie in Punktkoordinaten, so läßt sich auch die Aufgabe der Auflösung linearer Gleichungen in einem Parallelkoordinatensystem ganz entsprechend durchführen. Wir wollen als Beispiel die im § 17 erwähnte Aufgabe behandeln [P 6], die Koeffizienten A und B einer Gleichung

$$y = A\,x^p + B\,x^q$$

zu bestimmen, wenn p und q fest gewählt sind und eine Reihe von experimentell bestimmten Wertepaaren x, y vorliegen. Da A und B die gesuchten Größen sind, so wollen wir sie wieder mit u und v bezeichnen und denken sie uns auf zwei parallelen Achsen in gleichförmiger Teilung abgetragen. Setzen wir außerdem $y = -c$; $x^p = a$; $x^q = b$, so geht unsere Gleichung in die Form (36)

$$au + bv + c = 0$$

über und stellt also für ein gegebenes Wertepaar x, y die Gleichung eines Punktes dar. Jeder solche Punkt läßt sich am bequemsten als Schnittpunkt zweier Geraden konstruieren, die von den Endpunkten der Nullinie ausgehen, und deren u, v-Werte man aus der Gleichung (36) durch 0-setzen von v bzw. von u findet. So gilt für die durch den linken Endpunkt gehende Gerade $u = 0$; $v = -\frac{c}{b}$, für die durch den rechten Endpunkt $u = -\frac{c}{a}$; $v = 0$ (Abb. 72).

Sind nun die gegebenen Werte x, y die in den beiden ersten Kolonnen der Tabelle 7 angegebenen Zahlen und sei $p = \frac{1}{3}$; $q = 2$, so geben die übrigen Kolonnen der Tabelle die daraus berechneten Werte a, b, $-\frac{c}{a}$; $-\frac{c}{b}$ an,

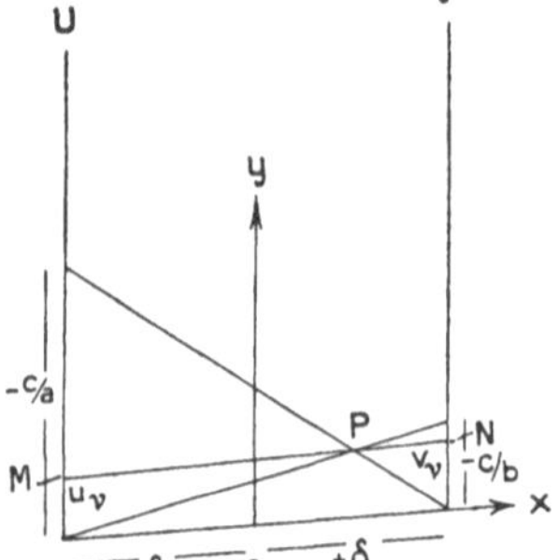

Abb. 72. Konstruktion eines Punktes aus den Koeffizienten **c/a** und **c/b**. (Nach: Zeitschrift für Vermessungswesen, 1917, (Heft 6)

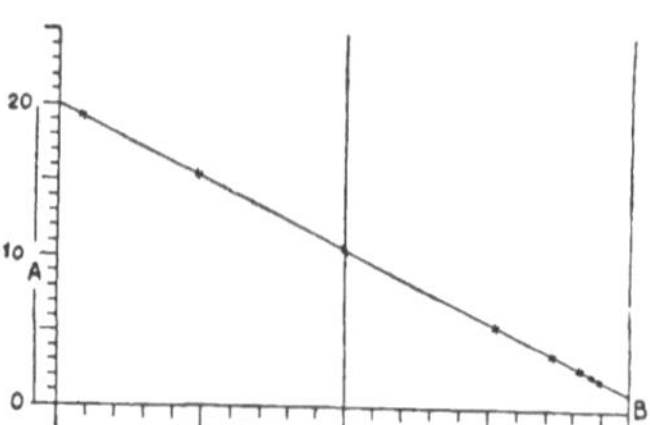

Abb. 73. Die durch Tab. 7 bestimmten Punkte. (Nach: Zeitschrift für Vermessungswesen, 1917, Heft 6)

aus denen die acht entsprechenden Punkte gemäß Abb. 72 gezeichnet werden können*). Abb. 73 zeigt das Ergebnis.

Tabelle 7

y	x	$a = \sqrt[3]{x}$	$b = x^2$	$-c/a$	$-c/b$
1,07	0,15	0,53	0,0225	+2,02	+47,6
1,6	0,5	0,794	0,25	2,015	6,4
2,1	1,0	1,0	1,0	2,1	2,1
2,9	2	1,26	4	2,30	0,725
3,8	3	1,44	9	2,64	0,422
4,8	4	1,60	16	3,00	0,30
5,9	5	1,71	25	3,45	0,236
6,5	5,5	1,77	30,25	3,675	0,215

Wenn nun p und q den Betrachtungen § 17 gemäß gut gewählt sind, so sind die A, B-Werte aller dieser Punktgleichungen dieselben; das bedeutet aber, daß die Punkte auf einer Geraden liegen. Abb. 72 läßt erkennen, daß sie dies in diesem Fall zwar nicht vollkommen genau tun, daß sich aber jedenfalls unschwer eine Gerade hindurchlegen läßt. Die Schnittpunkte dieser Geraden mit den u, v-Achsen liefern die Werte $u = A$ und $v = B$, die wir suchen, zu $A = 2{,}0$; $B = 0{,}1$.

§ 26. Verwandlung einer Darstellung in rechtwinkligen Koordinaten in eine solche in Parallelkoordinaten

Abb. 74 und 75 zeigen schematisch, wie man aus einer graphischen Tafel in rechtwinkligen Koordinaten eine solche in Parallelkoordinaten entwickeln kann. Handelt es sich darum, den der Linie AB in Abb. 74 entsprechenden Punkt P in Abb. 75 zu konstruieren, so macht man OA (Abb. 74) $= GH$ (Abb. 75) und $OB = FJ$. Dem Punkt A

*) Da für die ersten beiden Punkte die Werte von c/b unbequem groß sind, empfiehlt es sich, für die Punkte die kartesischen Koordinaten x, y nach den Formeln (39) (40) S. 128 $x = -\delta \frac{a-b}{a+b}$; $y = -\frac{c}{a+b}$ zu berechnen.

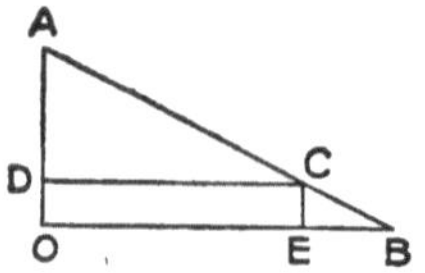

Abb. 74. Gerade mit Punkt im rechtwinkligem System

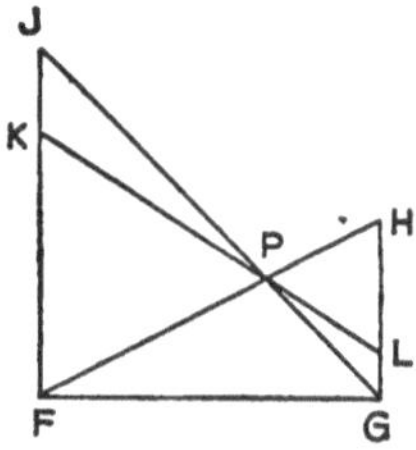

Abb. 75. Punkt auf Gerade im Parallelkoordinatensystem

entspricht dann die Gerade FH, dem Punkt B die Gerade JG; ihr Schnittpunkt P entspricht also der Geraden AB. Wählt man nun ferner einen beliebigen Punkt C auf der Linie AB in Abb. 74 aus und konstruiert die diesem entsprechende Gerade KL in Abb. 75, indem man $OD = GL$ und $OE = FK$ macht, so zeigt sich, daß diese Gerade auch durch den Schnittpunkt P der Geraden GJ und FH geht, wie dies auch sein muß, da ja die drei Punkte ABC in Abb. 74 auf einer Geraden liegen.

§ 27. Eine Multiplikationstafel in Linienkoordinaten

Wir wollen nun zeigen, wie eine Beziehung zwischen drei Veränderlichen x, y, z, nach der Methode der fluchtrechten Punkte dargestellt werden kann. Wir wählen dazu das einfache Beispiel $z = x \cdot y$, für das wir in § 21 schon zwei Netztafeln, die Hyperbeltafel und die logarithmische Multiplikationstafel von Lalanne kennengelernt haben. Um die charakteristischen Eigenschaften der Methode der fluchtrechten Punkte deutlich hervortreten zu lassen, wollen wir dasselbe Beispiel nun auch als Fluchtlinientafel darstellen.

Hierzu haben wir weiter nichts zu tun, als die letztere der beiden erwähnten Netztafeln nach den Vorschriften des § 26 in ein Parallelkoordinatensystem zu übertragen. Die Schar der Netzgeraden $y =$ konst., für welche $m = 0$,

$n = \lg y$ ist, entspricht einer „parallelen" Punktschar mit $m' = 0$, $n' = \lg y$, d. h. die Punkte liegen auf der v-Achse und bilden dort eine logarithmische Teilung. Für die Netzgeradenschar x = konst. ist $m = \infty$, sie entspricht daher einer Punktschar, die auf der u-Achse liegt, und deren Entfernungen von deren Anfangspunkt gleich den Achsenabschnitten der Netzgeraden auf der x-Achse, also gleich $\lg x$ sind. Die Geradenschar z = konst. endlich, für die $m = -1$, entspricht, wie schon im Beispiel Abb. 70 und 71 gezeigt, einer Punktschar auf der Mittelparallele der beiden Achsen u und v. Da n für diese Geradenschar $= \lg y$ ist, muß für die entsprechende Punktschar n' ebenfalls diese Werte annehmen. Nach der auf S. 129 angegebenen geometrischen Bedeutung von n' folgt daraus, daß die Punkte auf der Mittelparallele eine logarithmische Teilung vom halben Maßstab bilden müssen. Die Anfangspunkte der drei Teilungen werden zweckmäßig in gleiche Höhe gelegt. Abb. 76 zeigt die so gewonnene Mul-

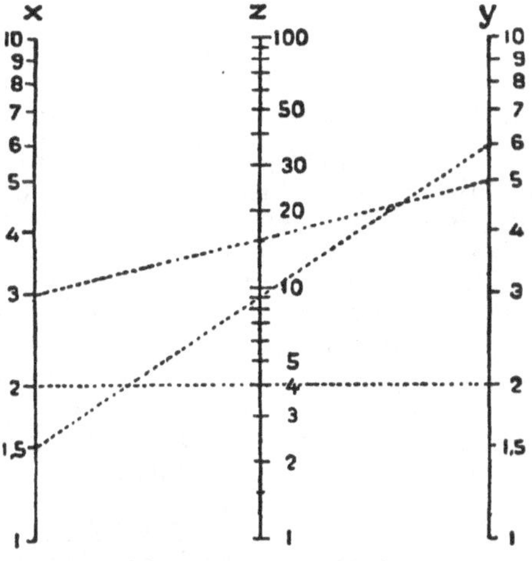

Abb. 76. Fluchtlinientafel für die Gleichung $x \cdot y = z$

tiplikationstafel. Jede gerade Linie, welche die drei Teilungen trifft, verbindet drei zusammengehörige Werte von x, y und z nach der Gleichung $x \cdot y = z$. In der Figur sind die Produkte $2 \cdot 2 = 4$; $1{,}5 \cdot 6 = 9$ und $3 \cdot 5 = 15$ durch punktierte Linien eingezeichnet. Man sieht, daß diese Tafel nicht nur in der Herstellung einfacher als die in § 21 betrachteten, sondern daß auch bei gleichem Maßstab die Ablesung g e n a u e r ist.

Um beim Ablesen die drei in einer Geraden liegenden Zahlen nicht erst durch mehrfaches Hin- und Herschieben des Lineals suchen zu müssen, verfährt man folgendermaßen: Man setzt an einem der Punkte, z. B. 1,5 (Abb. 76), eine Nadel leicht an, legt ein Lineal, am besten ein durchsichtiges, an die Nadel an und dreht es, bis man an den Punkt 6 kommt. Der Schnittpunkt mit z ergibt dann, wie wir gesehen haben, die Ablesung. Statt einer Nadel kann man auch ein mit einem Zeiger versehenes Bleigewicht anwenden. Dieses hat den Vorteil, daß man die Markierung vornehmen kann, ohne die Zeichnung zu beschädigen.

§ 28. Darstellung einer Gleichung der Form $f_1 + f_2 + f_3 = 0$ als Fluchtlinientafel (1. Grundform)

Das im vorigen Paragraphen behandelte Beispiel hat uns ein Prinzip gezeigt (s. a. § 32, Dualität), nach dem wir jede Netztafel, die aus drei Geradenscharen besteht, in eine Fluchtlinientafel verwandeln können. Denn einer Geradenschar entspricht immer eine Punktschar, wir erhalten also drei Punktscharen, die demgemäß je eine Skala für die drei Variablen bilden. Zusammengehörige Werte der drei Variablen werden gefunden, indem man eine gerade Linie, die „Ablesegerade", mit den drei Skalen zum Schnitt bringt. Wir brauchen nun aber bei der Herstellung einer Fluchtlinientafel für eine gegebene Funktion von zwei Variablen nicht jedesmal den Umweg über eine Netztafel zu nehmen, sondern wir können von der gegebenen Funktion direkt zur Darstellung in Linienkoordinaten übergehen. Wir wollen die drei Variablen jetzt nicht mehr mit x, y, z, sondern mit z_1, z_2, z_3 bezeichnen und etwa vorkommende Funktionen von ihnen entsprechend mit f_1, f_2, f_3. Die gegebene Beziehung zwischen den drei Variablen wird sich nun jedenfalls immer dann als Fluchtlinientafel darstellen lassen, wenn ihre Gleichung sich bei Konstantsetzen der einen Variablen z. B. z_3 durch Einführung geeigneter Funktionsskalen für die beiden andern als Gleichung eines Punktes auffassen läßt. So z. B. hatten wir

$$\lg z_1 + \lg z_2 = \lg z_3.$$

Setzt man z_3 konstant und wählt $u = \mu_1 \lg z_1$, $v = \mu_2 \lg z_2$, so heißt die Gleichung

$$\frac{u}{\mu_1} + \frac{v}{\mu_2} = \text{konst.} \tag{45}$$

Die Übereinstimmung mit der Form der Gleichung (36) S. 127 ist offenbar. Ganz ähnlich kann man verfahren, wenn die Gleichung die allgemeinere Form hat

$$f_1 + f_2 + f_3 = 0.$$

Auch da erhalten wir dieselbe Gleichung (45), wenn wir u und v proportional f_1 bzw. f_2 setzen. Die für verschiedene Werte von z_3 dargestellten Punkte bilden dann eine Skala f_3, an der man z_3 ablesen kann. Da die Variable z_3 nur in dem von u und v freien Gliede (c in Gleichung (36) oder n' in Gleichung (44)) vorkommt, liegen die Punkte der Skala f_3 alle auf einer Parallelen zu den u- und v-Achsen. Die Lage dieser Parallelen zwischen den Achsen ist, wie wir sahen, durch die Größe $m' = -\frac{a}{b}$ bestimmt, in diesem Falle also durch die gewählten Proportionalitätsfaktoren μ_1 und μ_2 der Skalen $u = \mu_1 f_1$; $v = \mu_2 f_2$. Man kann diese Faktoren μ_1 und μ_2 willkürlich wählen und dadurch den darzustellenden Bereich der Variablen dem Format der Zeichnung anpassen. Der Proportionalitätsfaktor oder Modul der Skala f_3 ist dann aber durch diese Wahl bereits mitbestimmt. Denn da die Gleichung lautet

$$\frac{u}{\mu_1} + \frac{v}{\mu_2} + f_3 = 0,$$

so haben wir $a = \frac{1}{\mu_1}$; $b = \frac{1}{\mu_2}$; $c = f_3$. Demnach ist das Verhältnis der Achsenabstände für die Skala f_3

$$m' = -\frac{a}{b} = -\frac{\mu_2}{\mu_1},$$

und die Höhe eines Punktes z_3 ist nach S. 128 (40)

$$y = \frac{-c}{a+b} = -f_3 \frac{\mu_1 \mu_2}{\mu_1 + \mu_2}.$$

Führen wir also μ_3 als Modul ein durch die Gleichung $y = -\mu_3 f_3$, so ist $\mu_3 = \frac{\mu_1 \mu_2}{\mu_1 + \mu_2}$, und es besteht die Beziehung

$$\frac{1}{\mu_3} = \frac{1}{\mu_1} + \frac{1}{\mu_2}. \tag{46}$$

In dem in § 27 behandelten Beispiel hatten wir $\mu_1 = \mu_2 = 1$ gewählt. Demnach muß $\mu_3 = \frac{1}{1+1} = \frac{1}{2}$ sein. Damit haben wir also auf eine neue Weise abgeleitet, daß die logarithmische Skala für z den halben Maßstab haben muß wie die für x und y.

Dieser Tafeltyp läßt sich auch auf sehr einfache Weise rein geometrisch ableiten. Haben wir drei parallele Geraden mit einer 0-Achse (die nicht notwendig rechtwinklig zu den Geraden zu liegen braucht) und einer schneidenden Fluchtlinie (Abb. 77), so stellt diese Figur ein Trapez dar. Wir bezeichnen die von der Fluchtlinie gebildeten Abschnitte mit $\mu_1 f_1$, $\mu_2 f_2$, $\mu_3 f_3$, die Abschnitte auf der 0-Linie mit p und q und ziehen als Hilfslinie eine Diagonale des Trapezes, dann erkennt man mit Hilfe des Strahlensatzes, daß

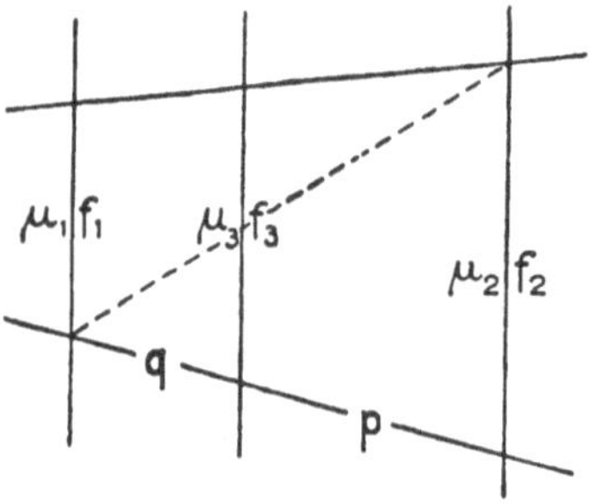

Abb. 77. Fluchtlinientafel als Trapez

$$\mu_3 f_3 = \frac{q}{p+q} \mu_2 f_2 + \frac{p}{p+q} \mu_1 f_1,$$

d. h., wenn man $\mu_1 : \mu_2 : \mu_3 = \frac{1}{p} : \frac{1}{q} : \frac{1}{p+q}$ wählt,

$$f_3 = f_1 + f_2.$$

Falls die mittlere Parallele genau in der Mitte liegt, sieht man sogar schon ohne Hilfslinie, daß $\mu_3 f_3 = \frac{\mu_2 f_2 + \mu_1 f_1}{2}$, also für $\mu_3 = 1/2\, \mu_2 = 1/2\, \mu_1$ wiederum $f_3 = f_1 + f_2$ ist. Werden also auf den drei Parallelen beliebige Funktionen f_1, f_2, f_3 aufgetragen, so liefert jede hindurchgelegte Gerade drei Werte, die der Gleichung $f_3 = f_1 + f_2$ genügen.

Oftmals ist es notwendig (z. B. beim Anschluß einer zweiten Leitertafel, beim Entwurf von Rechengeräten u. ä.), das Ergebnis auf einer Außenleiter ablesen zu können. Wollen wir etwa f_3 nach außen legen, dann lautet unsere Gleichung jetzt:

$$\left.\begin{array}{l} f_1 + (-f_3) = + (-f_2) \\ y_1 + y_2 = 2y_3 \end{array}\right\} \text{Zuordnung.*)}$$

Das bedeutet, die Leiter f_1 bleibt unverändert, die Leitern f_3 und f_2 wechseln ihre Richtung, denn die Zuordnung ergibt:

$$y_1 = f_1 \qquad y_2 = -f_3 \qquad y_3 = -\frac{f_2}{2}.$$

Es sei besonders darauf hingewiesen, daß die Leiter, die zwischen den beiden Außenleitern zu liegen kommt, stets einen kleineren Maßstabsfaktor haben muß, als der Maßstabsfaktor der beiden Außenleitern.

Z. B. wenn $\mu_1 = \mu_2 = 1$ sind und die dritte Leiter liegt in der Mitte, ist der Maßstabsfaktor $\frac{1}{2}$. Ein Beispiel findet sich in § 33, Abb. 86 u. 87.

*) s. a. S. 46.

§ 29. Praktische Beispiele für Gleichungen der Form $f_1 + f_2 + f_3 = 0$

Ist d der Durchmesser eines Elektrizitätsleiters in Millimetern, w sein Widerstand pro Meter und σ sein spezifischer Widerstand, d. h. sein Widerstand pro Meter Länge bei 1 qmm Querschnitt, so hängen die drei Größen durch die Gleichung

$$w = \sigma : \frac{\pi d^2}{4}$$

oder, wie wir in einer für die Darstellung praktischen Form schreiben wollen,

$$d^2 \cdot w = \frac{4}{\pi} \sigma$$

zusammen.

Wollen wir den Zusammenhang zwischen den drei Größen d, w und σ durch eine Fluchtlinientafel der vorher betrachteten Form für einen gewissen Bereich darstellen, so müssen wir durch Umformung zunächst auf die Normalgleichung des Punktes kommen. Wir tun dies, indem wir logarithmieren und schreiben:

$$2 \lg d + \lg w = \lg \frac{4}{\pi} \sigma = \lg \sigma + A. \tag{47}$$

Setzen wir nun ähnlich wie früher

$$u = \mu_1 \cdot f_1 = \mu_1 \cdot \lg w$$

und

$$v = \mu_2 \cdot f_2 = \mu_2 \cdot 2 \lg d$$

und machen den Modul μ_1 gleich dem Modul μ irgendeiner logarithmischen Normskala, die wir haben, z. B. dem der Rechenschieberskala von 12,5 cm Länge, so ist $\mu_1 = \mu$. Nehmen wir nun an

$$\mu_2 = \frac{\mu}{2},$$

was uns freisteht, da wir zwei der Moduln beliebig wählen können, so wird

$$v = \frac{\mu}{2} \cdot 2 \cdot \lg d = \mu \cdot \lg d,$$

d. h. auf der Achse v wird eine logarithmische Skala für d mit dem gleichen Modul aufgetragen, den auch die Skala für w auf der u-Achse hat. Die Entfernung der dritten Achse von den beiden anderen wird $-\frac{\mu_1}{\mu_2}$, oder, wenn wir den betreffenden Wert einsetzen, $-\frac{\mu \cdot 2}{\mu}$ oder $-\frac{2}{1}$, d. h. die mittlere Parallele teilt die Entfernung zwischen den Achsen im Verhältnis $-2:1$ und steht von der linken (u)-Achse um zwei Drittel der Entfernung (nach links negativ gerechnet), von der rechten (v)-Achse um ein Drittel ab. Die Größe der Entfernung der u- und v-Achse voneinander kann natürlich dem Maßstab der Zeichnung entsprechend beliebig gewählt werden. Die Funktion f_3 endlich ist $= -(\lg \sigma + A)$.

Nun ist nach (46)

$$\mu_3 = \frac{\mu_1 \cdot \mu_2}{\mu_1 + \mu_2} = \frac{\mu \cdot \frac{\mu}{2}}{\mu + \frac{\mu}{2}} = \frac{\mu}{3}. \tag{48}$$

Wir haben also die Skala für σ (die Konstante A tritt nur als Längenverschiebung der Skala in Erscheinung) als logarithmische Skala von ein Drittel der Länge der von uns gewählten Normalskala zu zeichnen, was, wie wir auf Seite 54 gesehen haben, leicht durch Projektion geschehen kann. Wir wollen nun noch den Ort des Anfangspunktes der Skala für σ ausrechnen, wenn wir die Nullinie der Skalen für u und v festgesetzt haben. Für die Berechnung dieses Punktes steht uns die Formel (40) Seite 128 zur Verfügung, die lautete:

$$y = -\frac{c}{a+b}.$$

Nun ist in unserem Falle

$$\frac{u}{\mu} + \frac{v}{\mu/2} - \left(\lg \sigma + \lg \frac{4}{\pi}\right) = 0,$$

also $a = \frac{1}{\mu}$; $b = \frac{2}{\mu}$; $c = -(\lg \sigma + A)$, und demnach $$y = \frac{\lg \sigma + A}{3/\mu}.$$

Also liegt der Anfangspunkt der logarithmischen Teilung, der die Ziffer $\sigma = 1$ trägt, in der Höhe $\frac{\mu}{3} \lg \frac{4}{\pi}$ über der Nullinie. Die entstandene Tafel zeigt Abb. 78.

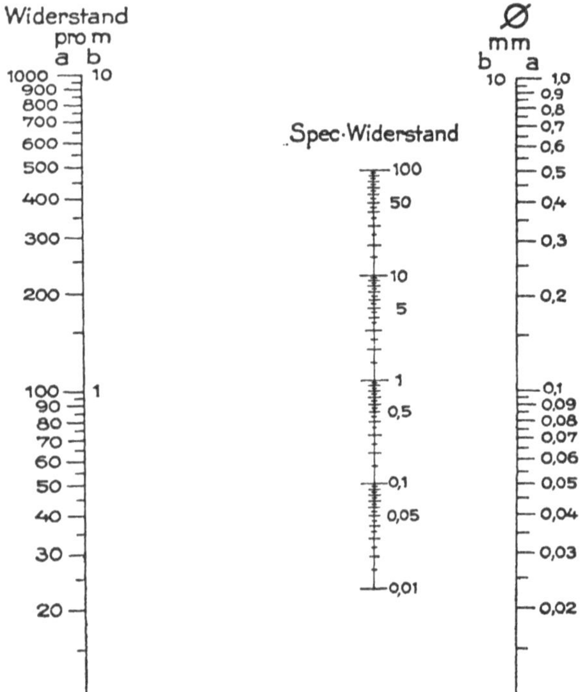

Abb. 78. Fluchtlinientafel für $w = \frac{4\sigma}{\pi d^2}$

Zur Kontrolle wollen wir in derselben Weise auch noch die Abszisse des Punktes nach unserer früheren Formel berechnen, obwohl wir schon wissen, daß der Punkt auf einer Parallelen zur u- und v-Achse liegt, deren Abstände von diesen Achsen sich wie 2 : 1 verhalten. Es ist nach (39) S. 128

$$x = -\delta\frac{a-b}{a+b},$$

also

$$= -\delta\frac{1/\mu - 2/\mu}{1/\mu + 2/\mu} = +\frac{\delta}{3}.$$

Da nun $2\,\delta$ der Abstand der u- und v-Achse ist, so ist der Punkt um $\delta + \frac{\delta}{3}$ von der u- und um $\delta - \frac{3}{\delta}$ von der v-Achse entfernt, teilt also die ganze Entfernung tatsächlich wie 2 zu 1.

Statt der Berechnung der Höhe des Anfangspunktes der Teilung mittels der Ordinate y eines Punktes kann man oft einfacher so verfahren, daß man in irgendeinem bequemen Zahlenbeispiel zwei Größen beliebig annimmt, die dritte berechnet und dann zeichnerisch einen Punkt der dritten Skala bestimmt (Methode des Beispiels). Dieser Punkt braucht nicht gerade der Anfangspunkt zu sein, da ja der Typus und die Länge der mittleren Skala festgelegt ist. Die zeichnerische Ausführung unseres Beispiels gestaltet sich auf Grund der angestellten Überlegungen z. B. folgendermaßen:

Wir zeichnen zwei parallele Geraden in einem Abstand von 180 mm und eine dritte Gerade im Abstand von 120 mm von der linken (u)-Achse; wir nehmen ferner auf der u- und v-Achse in gleicher Höhe den Anfangspunkt der Teilung an und tragen, von diesem Nullpunkt aus gehend, so viel Logarithmenteilungen von 125 mm Länge an, als wir Zehnerpotenzen der betreffenden Variablen abzulesen wünschen. (Abb. 78 im Verhältnis 1 : 3 verkleinert.) Nehmen wir in unserm Falle zunächst an, es wären zwei Zehnerpotenzen für den Durchmesser notwendig, und zwar 0,01 bis 1 mm, und für den Widerstand ebenfalls zwei Zehnerpotenzen, nämlich 10 bis 1000 Ohm pro Meter. Wir rechnen nun ein Zahlenbeispiel aus, z. B.

unter der Voraussetzung $d = 0{,}1$ mm, $w = 50$ Ohm. Es ergibt sich dann für σ der Wert 0,4 Ohm pro mm² und m. Die Verbindung 0,1 (v-Achse) mit 50 (u-Achse) schneidet die σ-Achse an der Stelle $\sigma = 0{,}4$. Die logarithmischen Skalen konstruieren wir uns in ein Drittel der Größe der anderen Skalen durch Zentralprojektion und können daher aus der Kenntnis des Punktes 0,4 ohne weiteres den Punkt 0,1 und alle anderen Anfangspunkte für die einzelnen Zehnerpotenzen finden. Die Ablesegenauigkeit beträgt, wenn man 0,5 mm noch eben ablesen kann, für die Widerstands- und Durchmesserskalen 1%, für die σ-Skala 3%. In der Abb. 78 trägt die Widerstandsskala und die Durchmesserskala zwei Bezifferungen, *a* und *b*. Die Skalen mit der Bezeichnung *a* sind zusammen zu benutzen und ebenso die mit der Bezeichnung *b*. Hierdurch ist, wie ohne weitere Erklärung einleuchtet, der Brauchbarkeitsbereich der Tafeln um zwei Zehnerpotenzen vergrößert worden. Man hätte natürlich ebensogut, um die doppelte Bezifferung zu vermeiden, links und rechts von der u- und v-Achse neue Achsen legen und auf diesen die Teilungen *b* anbringen können*).

Ebenso wie man durch die in Abb. 78 dargestellte Tafel den Zusammenhang zwischen spezifischem Widerstand, Widerstand pro Meter und Durchmesser ausdrücken kann, so ist es auch möglich, hiermit die Beziehung zwischen spezifischem Gewicht, Durchmesser und Gewicht pro Meter zu veranschaulichen; denn diese lautet $s \cdot \pi \cdot \frac{d^2}{4} = g$, wo s das spezifische Gewicht, d der Durchmesser und g das Gewicht pro Meter ist. Hier kommen die abso-

*) Der durch Gleichung (47) gegebene Zusammenhang läßt sich natürlich auch noch in mannigfacher anderer Weise darstellen. Wählt man z. B. nach einem Vorschlag von Prof. A. Walther zur u- und v-Achse die w- und σ-Skalen, mit gleich großem Modul, aber entgegengesetzt gerichtet, so erhält man als Modul μ_3 den Wert $\frac{\mu_1}{2}$; da die μ_3-Achse die Funktion $2 \lg d$ darstellen soll, ergibt sich demnach für d eine in der Mitte zwischen den u- und v-Achsen gelegene logarithmische Skala von ebenfalls demselben Modul, was für die Zeichnung bequem ist.

luten Gewichte auf die mittlere Achse, die spezifischen Gewichte auf die u-Achse und die Durchmesser auf die v-Achse. Außerdem ändert sich natürlich die Bezifferung der Skalen. An der spezifischen Gewichtsskala (ebenso wie an der spezifischen Widerstandsskala in Abb. 78) kann man gleich die Namen der Elemente oder Legierungen neben dem betreffenden spezifischen Gewicht oder spezifischen Widerstand vermerken.

Mittels der gleichen Tafel ist auch die spezifische Zerreißfestigkeit in kg pro cm^2 in ihrer Abhängigkeit von Durchmesser und absoluter Zerreißfestigkeit darstellbar. Man braucht nur unter s die spezifische Zerreißfestigkeit, unter g das Gewicht, das zum Zerreißen notwendig ist, und unter d wieder den Durchmesser zu verstehen und die Bezifferung entsprechend umzuändern.

Auf ganz ähnliche Art läßt sich auch eine Tafel herstellen, aus der die Beziehung zwischen Wellenlänge, Kapazität und Selbstinduktion eines elektrischen Schwingungskreises zu entnehmen ist. Die Formel lautet in der üblichen Bezeichnungsweise

$$\lambda = \frac{2\pi}{100}\sqrt{LC},$$

wo die Wellenlänge λ in m, die Selbstinduktion L und die Kapazität C in cm zu rechnen sind. Schreibt man statt dessen

$$2\lg\lambda = 2\lg\frac{2\pi}{100} + \lg L + \lg C,$$

so tritt die Analogie zu Formel (47) S. 140 deutlich hervor. Die Ausführung des Beispiels sei dem Leser als Übungsaufgabe empfohlen.

Auch für nicht rationale Funktionen lassen sich Fluchtlinientafeln bequem herstellen. Betrachten wir z. B. das Brechungsgesetz $n = \frac{\sin\alpha}{\sin\beta}$, so läßt sich dieses durch Logarithmieren in die Form $\lg n - \lg\sin\alpha + \lg\sin\beta = 0$ überführen, womit es bereits die Form $f_1 + f_2 + f_3 = 0$ angenommen hat.

§ 30. Darstellung von Gleichungen der Form $f_1 + f_2 f_3 = 0$ (2. Grundform)

In § 28 hatten wir als Bedingung für die Darstellbarkeit als Fluchtlinientafel gefunden, daß die gegebene Gleichung sich durch Einführung passender Funktionen in die Form der Gleichung eines Punktes bringen läßt. Dies ist nun auch noch auf andere Weise möglich als durch die Form $f_1 + f_2 + f_3 = 0$. So z. B. läßt sich eine Gleichung von der Form $f_1 + f_2 \cdot f_3 = 0$ ebenfalls für jeden Wert von f_3 als Punktgleichung auffassen, wenn man $u = \mu_1 f_1$ und $v = \mu_2 f_2$ setzt. Die Gleichung lautet dann nämlich

$$\frac{u}{\mu_1} + f_3 \cdot \frac{v}{\mu_2} = 0.$$

Es ist also $a = \frac{1}{\mu_1}$; $b = \frac{f_3}{\mu_2}$ und $c = 0$, demnach $m' = \frac{-\mu_2}{\mu_1 f_3}$ und $n' = 0$. Für die verschiedenen Werte von z_3 erhalten wir dann lauter Punkte, denen die Größe $n' = 0$ gemeinsam ist, für die dagegen $m' = \frac{-\mu_2}{\mu_1 f_3}$ mit z_3 verschiedene Werte durchläuft. D. h. nach den Betrachtungen S. 129, daß die Punkte, statt wie in den vorigen Beispielen auf einer Parallelen zur u- und v-Achse, hier längs der Nullinie, also auf einer die u- und v-Achse schneidenden Geraden wandern. Wollen wir erfahren, wie die Punkte der z_3-Skala sich auf der Nullinie verteilen, so brauchen wir nur unsere Formel (39) S. 128 für die Abszisse im schiefwinkligen Punktkoordinatensystem anzuwenden. Wir erhalten daraus

$$x = -\delta \frac{a-b}{a+b} = -\delta \frac{\frac{1}{\mu_1} - \frac{f_3}{\mu_2}}{\frac{1}{\mu_1} + \frac{f_3}{\mu_2}} = +\delta \frac{\mu_1 f_3 - \mu_2}{\mu_1 f_3 + \mu_2},$$

d. h. die Punkte x liegen auf der früher AB genannten Geraden in projektiver Verteilung (s. Seite 59). Das System besteht also aus zwei parallelen Linien u und v und einer schrägen Geraden dazwischen, deren Neigungswinkel je nach dem gewünschten Format der Zeichnung beliebig gewählt werden kann, und auf welcher eine mit Bezug auf die Funktion f_3 projektive Skala aufgetragen ist. Haben wir z. B., um einen einfachen Fall anzunehmen, das Produkt

$$\alpha_1 \cdot \alpha_3 = \alpha_2 \tag{49}$$

zu berechnen, das wir auch in der Form

$$\alpha_1 - \frac{\alpha_2}{\alpha_3} = 0 \tag{50}$$

schreiben können, so ist

$$u = \mu_1 \cdot \alpha_1, \qquad v = -\mu_2 \cdot \alpha_2$$

und daher

$$x = \delta \frac{\mu_1 - \mu_2 \alpha_3}{\mu_1 + \mu_2 \alpha_3}.$$

Nun gehört zu $\alpha_3 = 0$ der Wert $\alpha_2 = 0$, nach (49) und zu $\alpha_3 = \infty$ der Wert $\alpha_1 = 0$, nach (50). Das bedeutet, da 0 und ∞ die Endpunkte der projektiven Skala α_3 sind und 0 der Anfangspunkt der Skalen α_1 und α_2, daß die betreffenden Punkte zusammenfallen. Abb. 79 zeigt die Anordnung der drei Skalen α_1, α_2 und α_3. Die Pfeile weisen auf die Richtungen hin, in denen die Skalen von 0 ausgehend aufgetragen werden.

Im folgenden numerischen Beispiel sollen noch einige Einzelheiten bezüglich der Skalenkonstruktion bei diesem System auseinandergesetzt werden.

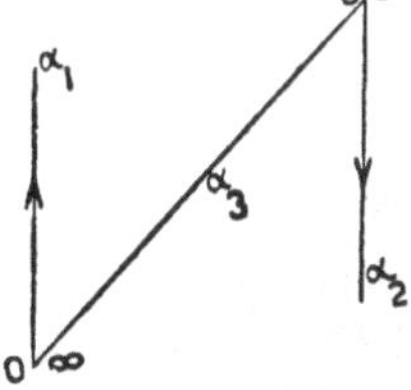

Abb. 79. Schema einer Tafel für $\alpha_1 - \frac{\alpha_2}{\alpha_3} = 0$

Um Ablesungen an dem Quecksilberbarometer miteinander vergleichbar zu machen, reduziert man die Ablesungen auf 0° C. Man muß daher, wenn man den Druck p bei der Temperatur $t°$ abgelesen hat, eine Korrektion anbringen. Diese wird in erster Annäherung berechnet durch die Formel

$$\varepsilon = t \cdot 0{,}00016\, p$$

oder, wenn wir bei der oben gewählten Form bleiben, durch

$$0{,}00016\, p - \frac{\varepsilon}{t} = 0.$$

Die Größe p erscheint dann auf der a_1-Skala, die Größe ε auf der a_2-Skala und die Größe t auf der a_3-Skala.

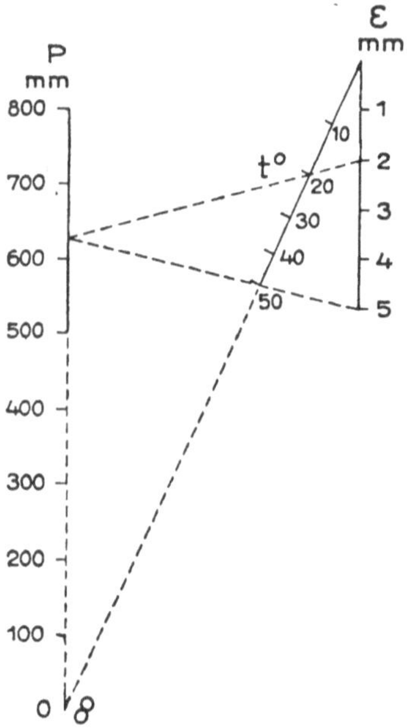

Abb. 80. Fluchtlinientafel für $\varepsilon = t \cdot 0.00016\, p$

Die Skalen a_1 und a_2 sind gleichförmig, a_3 wird, wie wir sahen, projektiv. Da der Druck p nicht von 0 an gebraucht wird, sondern nur in dem Bereich 500 bis 800 mm und auch die Temperatur nicht bis ∞, sondern nur bis etwa 50° in Betracht kommt, so kann man den gemeinsamen Punkt der Skalen a_1 und a_3 auf der endgültigen graphischen Tafel unterdrücken. Bei der Konstruktion wird er allerdings einmal benötigt, wie aus Abb. 80 ersichtlich ist. Die Größenverhältnisse werden so bestimmt, daß man das Intervall $p = 500$ bis 800 mm und den für die Größe ε in Betracht kommenden Bereich von 0 bis 5 mm so lang macht, daß die gewünschte Ablesegenauigkeit erzielt werden kann, d. h. daß die Bruchteile, die man noch ablesen will, nicht kleiner sind als etwa ½ mm. Hat man die Größen p und ε auf zwei parallelen Linien untergebracht, deren Abstand nach Bedarf gewählt werden kann, so verbindet man die Nullpunkte der Skalen ε und p durch eine Gerade, auf der nun die dritte Skala t entworfen wird. Für diese Skala haben wir außer dem Anfangspunkt 0 und dem Endpunkt ∞ noch einen weiteren Punkt nötig, wenn wir sie aus einer der gleichförmigen Skalen ableiten wollen. Wir wählen als gleichförmige Skala die ε-Skala und berechnen für ein beliebiges Beispiel drei zusammengehörige Werte von p, t und ε; z. B. ergibt sich für $t = 50$ und $\varepsilon = 5$, $p = 625$ mm. Verbinden wir also $p = 625$ und $\varepsilon = 5$, so müssen wir an den Schnittpunkt dieser Verbindungsgeraden mit der Linie t die Zahl 50 schreiben. Der Punkt 625 ist nunmehr der Projektionspunkt. Wir brauchen nämlich nur von diesem Punkt aus Verbindungslinien nach allen Punkten von ε zu ziehen und dann auf der t-Skala die zehnfachen Zahlenwerte anzuschreiben; dies ist in der Figur für die Werte $\varepsilon = 2$ und $t = 20$ durch eine punktierte Linie angedeutet.

§ 31. Fluchtlinientafeln mit einem krummlinigen Skalenträger

Wir wollen nun unserer gegebenen Gleichung die allgemeinste Form geben, in der sie sich noch als Gleichung eines Punktes in Linienkoordinaten deuten läßt. Dazu ist offenbar nur nötig, daß die Gleichung in irgendwelchen Funktionen zweier Variabler z_1 z_2 linear ist. Die Koeffizienten dieser linearen Gleichung dürfen aber noch beliebige Funktionen von z_3 sein. Die Form der Gleichung ist daher

$$f_1 \cdot f_3 + f_2 \cdot g_3 + h_3 = 0, \tag{51}$$

wobei f_3, g_3, h_3 drei Funktionen von z_3 sind. Man sieht leicht, daß die beiden bisher behandelten Fälle in diesem mit enthalten sind, der erste, wenn f_3 und g_3 konstant sind, der zweite, wenn $h_3 = 0$ ist. Setzen wir nun wieder $u = \mu_1 f_1$, $v = \mu_2 f_2$, so erhalten wir

$$\frac{u}{\mu_1} \cdot f_3 + \frac{v}{\mu_2} \cdot g_3 + h_3 = 0; \tag{52}$$

demnach haben wir eine Punktgleichung, für welche

$$a = \frac{f_3}{\mu_1}; \quad b = \frac{g_3}{\mu_2}; \quad \text{und} \quad c = h_3.$$

Sind die Skalen für z_1 und z_2 gezeichnet, so ergibt sich für jedes z_3 ein ganz bestimmter Punkt, dessen kartesische Koordinaten wir nach den Formeln (39) und (40) S. 128 berechnen können. Es ist

$$x = -\delta \frac{a-b}{a+b} = \delta \frac{g_3 \mu_1 - f_3 \mu_2}{g_3 \mu_1 + f_3 \mu_2} \tag{53}$$

$$y = - \quad \frac{c}{a+b} = \frac{-h_3 \mu_1 \mu_2}{g_3 \mu_1 + f_3 \mu_2}. \tag{54}$$

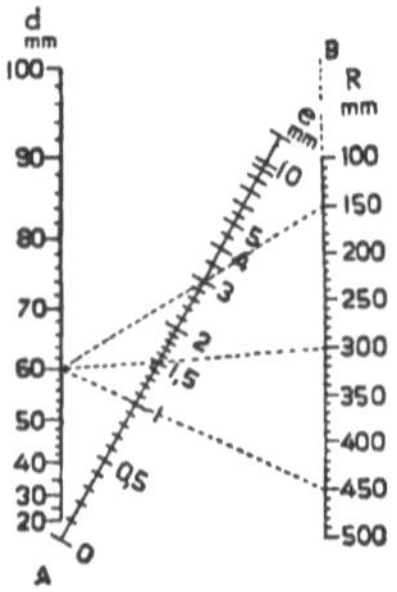

Abb. 81. Fluchtlinientafel für $d^2/_4 - 2\,e\,K + e^2 = 0$

Als Beispiel einer solchen Beziehung zeigt die Abb. 81 eine Tafel zur Berechnung des Zusammenhanges zwischen Dicke, Durchmesser und Krümmungsradius plankonvexer Linsen. Die Gleichung zwischen der gesuchten Dicke e, dem Durchmesser d und dem Krümmungsradius R lautet

$$\frac{d^2}{4} = e\,(2\,R - e) \tag{55}$$

oder

$$\frac{d^2}{4} - 2\,e\,R + e^2 = 0.$$

Wir setzen $f_1 = \frac{u}{\mu_1} = \frac{d^2}{4}$; $f_2 = \frac{v}{\mu_2} = 2\,R$; $f_3 = 1$; $g_3 = e$; $h_3 = e^2$.

Demgemäß ist die Skala für d auf der u-Achse quadratisch, die für R auf der v-Achse regulär. Der krummlinige Skalenträger für e wird mit Hilfe der Gleichungen (53) und (54) gewonnen. Wir finden auf der x-Achse eine projektive Skala für e: $x = \delta \frac{e - \mu_2/\mu_1}{e + \mu_2/\mu_1}$, die in bekannter Weise aus drei Punkten konstruiert werden kann. Es müssen dann zu einer Reihe von Punkten dieser Skala die y-Werte nach Formel (54) berechnet und auf den Ordinaten über den x-Werten aufgetragen werden. Es ist $y = \frac{e^2 \cdot \mu_2}{e + \mu_2/\mu_1}$. In unserem speziellen Falle werden die Werte von y sehr klein, was in der Kleinheit von e gegenüber R seinen Grund hat. Infolgedessen fällt der krummlinige Skalenträger beinahe mit der x-Achse zusammen. Die Darstellung geht daher nahezu in den Seite 146 beschriebenen Typus über, wie ja auch die Gleichung (55) bei Vernachlässigung von e gegenüber $2\,R$ in die 2. Grundform $f_1 + f_2 \cdot f_3 = 0$ übergeht.

Im folgenden Beispiel wird die Konstruktion einer von Mehmke entworfenen Fluchtlinientafel skizziert, bei welcher ebenfalls die Gleichungsform (52) zugrunde liegt. Ist H die Helligkeit in Lux eines waagerechten Flächenelements F, das durch eine allseitig symmetrische Lichtquelle von 100 Normalkerzen beleuchtet wird, x cm die waagerechte Entfernung des Flächenelements von der Lichtquelle und z cm die senkrechte Entfernung, so besteht die Beziehung

$$H = \frac{10^6 \cdot z}{(x^2 + z^2)^{3/2}}.$$

Erheben wir beide Seiten auf die Potenz $^2/_3$, so können wir diese Gleichung in der folgenden Form schreiben:

$$x^2 - 10^4 \cdot z^{\frac{2}{3}} H^{-\frac{2}{3}} + z^2 = 0,$$

was der Form

$$f_1 \cdot f_3 + f_2 g_3 + h_3 = 0$$

entspricht, wenn wir setzen

$$f_1 = x^2, \quad f_2 = -10^4 \cdot H^{-\frac{2}{3}},$$

$$f_3 = 1, \quad g_3 = z^{\frac{2}{3}} \text{ und } h_3 = z^2.$$

Machen wir

$$u = \mu_1 \cdot x^2 \quad \text{und} \quad v = -\mu_2 \cdot 10^4 \cdot H^{-\frac{2}{3}},$$

so ist, wenn wir die u-Achse wieder links nehmen, die v-Achse rechts, auf der linken Achse eine quadratische Skala aufzutragen. Wird der Nullpunkt dieser Skala untenhin verlegt, so ist es zweckmäßig, die x-Achse des kartesischen Systems schräg und den Nullpunkt der v-Achse nach oben hin zu legen, da sonst wegen des vor dem zweiten Glied stehenden Minuszeichens die Zeichnung unnütz groß wird. Die Wahl des Moduls μ_1 wird durch folgende Überlegung bestimmt: Es sollen z. B. 140 cm in der x-Achse dargestellt werden. Für u möge ungefähr eine Länge von 200 mm zur Verfügung stehen. Da nun $140^2 = 19600$ ist, so muß μ_1 ungefähr $\frac{200}{19600}$ mm sein. Machen wir $\mu_1 = 0{,}01$ mm, so wird $u = 196$ mm. Ähnlich verfahren wir für μ_2. Der kleinste darzustellende H-Wert sei 9 Lux, also $-\mu_2 = \frac{v}{10^4 \cdot 9^{-2/3}} = v \cdot 4{,}327 \cdot 10^{-4}$.

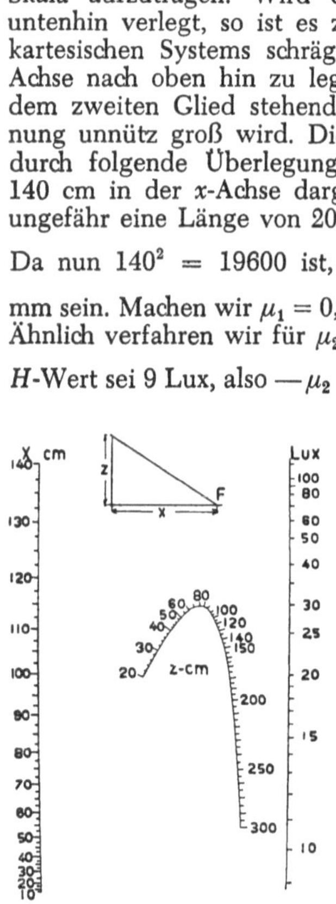

Abb. 82. Fluchtlinientafel für $H = 10^6 z / (x^2 + z^2)^{3/2}$

Wenn also für v ebenfalls 200 mm zur Verfügung stehen, so müßte $\mu_2 = 0{,}0865$ mm genommen werden. Verzichten wir auf die sehr großen H-Werte, so können wir $\mu_2 = 0{,}1$ mm machen. Der Nullpunkt der v-Achse, der für $H = \infty$ erreicht wird, muß dann natürlich auch mit unterdrückt werden, wie in Abb. 82 geschehen. Der Längenmaßstab ist in der Wiedergabe verkleinert. Da die v-Skala eine von der Größe $H^{2/3}$ projektiv abhängige Skala ist,

$$\left(H^{-2/3} = \frac{1}{H^{2/3}}\right),$$

kann sie leicht nach den Anweisungen S. 61 gewonnen werden, wenn man $H^{2/3}$ z. B. auf Logarithmenpapier konstruiert hat. Zur Konstruktion der z-Skala bilden wir zunächst die von den allgemeinen Ausdrücken (53) und (54) sich ableitenden Formeln durch Einführung eines kartesischen Systems. Es ist

$$x = \delta \frac{g_3 \mu_1 - f_3 \mu_2}{g_3 \mu_1 + f_3 \mu_2} = \delta \frac{\mu_1 z^{2/3} - \mu_2}{\mu_1 z^{2/3} + \mu_2}$$

und

$$y = -\frac{\mu_1 \mu_2 \cdot z^2}{\mu_1 z^{2/3} + \mu_2},$$

d. h. auf der Verbindungslinie des links unten liegenden Nullpunktes der u-Achse mit dem (rechts in der Figur unterdrückten) Nullpunkt der v-Achse wird eine von $z^{2/3}$ projektiv abhängige Skala entworfen, von der ein Punkt gerechnet werden muß, während alle andern aus einer beliebigen Skala $n^{2/3}$ durch Zentralprojektion gewonnen werden. Durch diese Punkte werden parallele Linien zu den Achsen gezogen, die die Bezifferung z_v erhalten. Es wird dann für so viele z_v das zugehörige y ausgerechnet, bis man eine zur Zeichnung des krummlinigen Skalenträgers genügende Zahl von Punkten gewonnen hat.

Ein drittes Beispiel bietet die Aufgabe, die Endtemperatur einer sich erwärmenden Maschine aus zwei gemessenen Temperaturen zu bestimmen. Bei gleichmäßiger Energiezufuhr und falls die Wärme in der Hauptsache durch Leitung abgegeben wird, geht die Temperaturzunahme nach einer Exponentialkurve vor sich. Mißt man die Übertemperatur gegen die Umgebung nach zwei verschiedenen Zeiträumen, von denen der zweite doppelt so lang ist wie der erste, so gilt die Beziehung

$$\left(\frac{t_\infty - t_1}{t_\infty}\right)^2 = \frac{t_\infty - t_2}{t_\infty},$$

wo t_1 und t_2 die genannten Temperaturen, t_∞ die gesuchte Endtemperatur ist. Bringt man die Gleichung in die Form

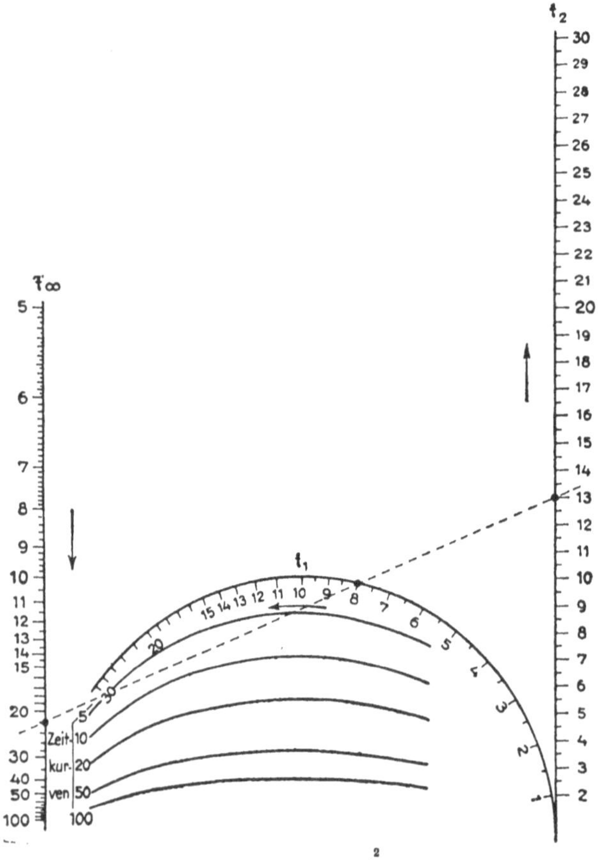

Abb. 83. Fluchtlinientafel für $\frac{t_1^2}{t_\infty} - 2t_1 + t_2 = 0$
(Nach: Schwerdt, Lehrbuch der Nomographie, Berlin 1924)
S. 184 u. 207

$$\frac{t_1^{\,2}}{t_\infty} - 2t_1 + t_2 = 0,$$

so geht sie in Gleichung (52) über, wenn man setzt

$$u = \mu_1 \frac{1}{t_\infty}; \qquad v = \mu_2 t_2;$$

$$f_3 = t_1^{\,2}; \qquad g_3 = +1; \qquad h_3 = -2t_1.$$

Demnach ergeben (53) und (54) für die krummlinige t_1-Skala die Formeln

$$x = \delta \frac{\mu_1 - \mu_2 t_1^{\,2}}{\mu_1 + \mu_2 t_1^{\,2}}$$

$$y = \frac{2t_1 \mu_1 \mu_2}{\mu_1 + \mu_2 t_1^{\,2}}.$$

Wählen wir hierin $\mu_1 = \mu_2 = \delta$, so wird $x = \delta \frac{1 - t_1^{\,2}}{1 + t_1^{\,2}}$; $y = \frac{2\delta t_1}{1 + t_1^{\,2}}$; man sieht leicht, daß $x^2 + y^2 = \delta^2$. Der Träger der t_1-Skala ist also ein Halbkreis um den Mittelpunkt der Nullinie, der die u- und v-Achse berührt. Abb. 83 gibt die entsprechende Tafel. Die unter dem Halbkreis dargestellte Kurvenschar wird weiter unten S. 157 erläutert. Das eingezeichnete Ablesebeispiel zeigt, daß, wenn z. B. nach einer Stunde eine Übertemperatur von 8°, nach zwei Stunden eine solche von 13° gemessen wurde, die Endtemperatur 22° über der der Umgebung liegen wird.

§ 32. Die Darstellbarkeit beliebiger Gleichungen

Es erhebt sich die Frage, ob man jede beliebige Gleichung zwischen drei Variablen durch eine Fluchtlinientafel darstellen kann. Es zeigt sich, daß dies nicht ohne weiteres möglich ist; wir brauchen dazu eine geeignete Erweiterung, in der Lehre von der projektiven Geometrie als Dualität bekannt [P 14], deren Wesen wir durch eine Gegenüberstellung der Fluchtlinientafel und der Netztafel erkennen können.

Gegeben sei eine Gleichung zwischen drei Variablen z_1, z_2, z_3.

Wir deuten zwei der Variablen z_1, z_2 als

Punktkoordinaten	Linienkoordinaten

in einem

Punktkoordinatensystem	Linienkoordinatensystem

z. B. als

rechtwinklige Koordinaten.	Parallelkoordinaten.

Dann bestimmen irgend zwei Werte dieser Variablen,

einen gewissen Punkt,	eine gewisse Gerade,
an den	an der

wir den aus der Gleichung zu berechnenden Wert der dritten Variablen z_3 anschreiben können.

Alle diejenigen

Punkte,	Geraden,

denen derselbe Wert von z_3 zukommt, können in besonderen Fällen

auf einer Geraden liegen.	durch einen Punkt gehen.

Für die verschiedenen Werte der Variablen z_3 erhalten wir dann eine

Geradenschar,	Punktschar,
die mit dem	die mit den beiden
Koordinatennetz	Koordinatenachsen

zusammen

eine geradlinige Netztafel	eine Fluchtlinientafel

bildet.

Im allgemeinen Fall

liegen die Punkte,	gehen die Geraden,

denen derselbe Wert z_3 zukommt,

auf einer Kurve,	nicht durch einen Punkt,
für z_3 ergibt sich eine Kurvenschar.	eine Fluchtlinientafel im bisherigen Sinne ist dann nicht möglich.

Ebenso wie wir im Fall der Punktkoordinaten die einzelnen Punkte $z_3 =$ konst. durch eine Kurve verbunden haben, und so für verschiedene z_3 eine Kurvenschar erhalten, können wir aber auch im Fall der Linienkoordinaten aus der Geradenschar, die einen Wert von z_3 darstellt, eine Kurve gewinnen, nämlich die sog. Enveloppe der

Geradenschar, d. h. diejenige Kurve, die von allen Geraden der Schar berührt wird. Auf diese Weise erhalten wir auch im System der Linienkoordinaten für jeden Wert von z_3 eine Kurve, also für die Gesamtheit der Werte von z_3 eine Kurvenschar statt der bisherigen Punktschar. Der Zusammenhang der drei Variablen wird dann also durch zwei Skalen für z_1 und z_2 und eine Kurvenschar für z_3 dargestellt. Die Fluchtlinie, die zwei Punkte der z_1 und z_2-Skalen verbindet, bestimmt den zugehörigen Wert von z_3 dadurch, daß sie die mit z_3 bezifferte Kurve berührt, wie in Abb. 84 angedeutet. Die zu einem und demselben Wert

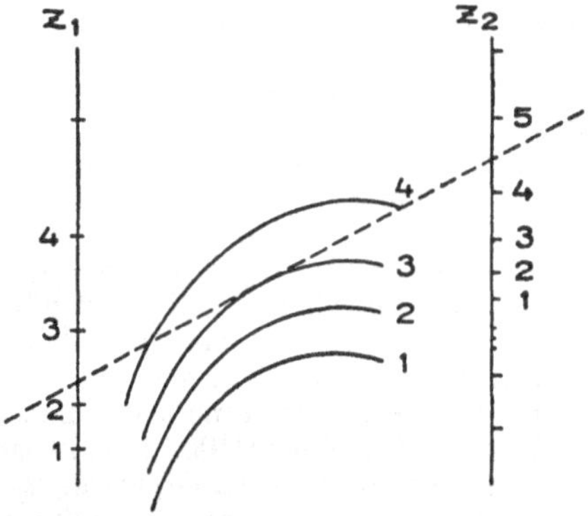

Abb. 84. Fluchtlinientafel für Gleitkurvenschar

von z_3 gehörigen Paare z_1 z_2 erhält man, wenn man die „Ablesegrade" längs der Kurve z_3 = konst. gleiten läßt. Aus diesem Grunde bezeichnet man ein solches Kurvensystem als „Gleitkurvenschar". Sie wurden zuerst von Schwerdt [Sch 17, 18] in die Nomographie eingeführt und können als eine Erweiterung der projektiven Darstellung betrachtet werden. Jede Gleitkurve vertritt dabei die Rolle eines Projektionspunktes. Mit ihrer Hilfe ist es möglich, eine beliebige gegebene Gleichung zwischen drei Unbekannten als Fluchtlinientafel mit Parallelkoordinaten darzustellen.

Im allgemeinen ist man jedoch nur selten genötigt, zu diesem Hilfsmittel zu greifen, da sich für die meisten einfacher gebauten Funktionen auch auf einfachere Weise Rechentafeln konstruieren lassen, zumal wenn man noch die weiter unten zu besprechenden Fluchtlinientafeln ohne Parallelkoordinaten mit mehreren krummlinigen Skalenträgern hinzunimmt.

Wertvoll sind die Gleitkurven besonders dann, wenn man eine schon fertige Tafel für eine Funktion von zwei Variablen auch noch zur Ablesung einer andern Funktion derselben zwei Variablen einrichten will. Man hat dann die Gleitkurven so einzuzeichnen, daß sie zwischen den beiden schon vorhandenen Skalen den richtigen Zusammenhang vermitteln.

So z. B. kann man in dem Beispiel S. 153 danach fragen, nach welcher Zeit die Endtemperatur bis auf einen gegebenen Bruchteil, etwa 1/1000, erreicht wird. Mißt man diese Zeit in vielfachen der zu t_2 gehörigen Beobachtungszeit, so ist sie eine Funktion von t_∞ und t_2 allein. Die in Abb. 83 unter dem Halbkreis gezeichneten Kurven vermitteln diesen Zusammenhang, und zwar gibt die Bezifferung derjenigen Gleitkurve, die das Ableselineal $t_2\, t_1\, t_\infty$ eben berührt, den Faktor an, mit dem die zu t_2 gehörige Zeit multipliziert werden muß, um die Zeit zu ergeben, bei der t_∞ bis auf ca. 1/1000 erreicht ist. In dem eingezeichneten Ablesebeispiel würde dies etwa die Gleitkurve mit der Ziffer 8 sein; da t_2 nach zwei Stunden beobachtet wurde, heißt dies, daß erst nach 16 Stunden die Endtemperatur von 22° bis auf ein Tausendstel erreicht wird. (Diese Kurve ist in Abb. 83 zu interpolieren, ihre Ziffer wird an der Zeitkurvenskala abgelesen.)

Eine weitere wichtige Anwendung der Gleitkurven werden wir noch kennenlernen.

§ 33. Empirische Funktionen

Der experimentell arbeitende Wissenschaftler und Ingenieur steht oft vor der Aufgabe, aus Versuchsreihen sich ergebende Werte, die nach Eintragung in ein Koordinatennetz auf Kurvenbüschel oder -scharen führen, physikalisch oder chemisch zu deuten. Manchmal ist durch diese Darstellung eine solche Deutung schon möglich und zulässig, wenn bestehende und bisher verborgen gebliebene Zusammenhänge dadurch geklärt werden können.

Der Wunsch, möglichst alle Versuchswerte zu erfassen, um gegebenenfalls interpolieren zu können, führt vielfach zu einer Kurvenhäufung, die damit leider eine Minderung der Übersichtlichkeit zur Folge hat. Ein aus der wissenschaftlichen Praxis stammendes Beispiel soll zeigen, wie man durch Überführung einer Leitertafel die Übersicht wiederherstellt. Es handelt sich um die Ermittlung des Verhältnisses $\frac{U}{U_M}$ der wirklichen zu der unter Voraussetzung der Gesetze der molekularen Strömung berech-

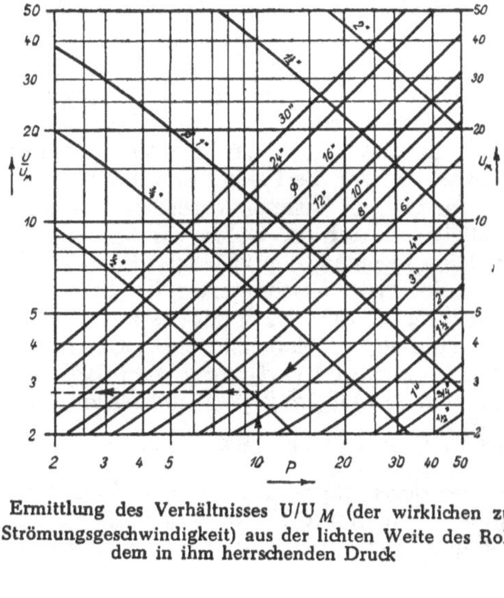

Abb. 85. Ermittlung des Verhältnisses U/U_M (der wirklichen zur molekularen Strömungsgeschwindigkeit) aus der lichten Weite des Rohres und dem in ihm herrschenden Druck

neten Strömungsgeschwindigkeit eines Gases bei einer Druckdifferenz von 1 micron (= 10^{-3} Torr) [K 16]. Dabei ist die lichte Weite des Rohres und der in ihm herrschende Druck P gegeben.

Mit Hilfe der Netztafel (Abb. 85), die nur einen kleinen, aber charakteristischen Ausschnitt aus der Originaltafel [B 12, S 6] darstellt, läßt sich aus dem Rohrdurchmesser (in inch bzw. in mm, Doppelskala) und dem in diesem Rohr herrschenden Druck P (in micron) der Wert $\frac{U}{U_M}$ ermitteln, wie das eingezeichnete Ablesebeispiel zeigt. (Rohr ∅ = 4″, Druck $P = 10$ micron. $\frac{U}{U_M} = 2{,}8$).

In der Originaldarstellung laufen die Kurvenscharen für den Rohrdurchmesser zunächst unter einem Winkel von etwa 45° von rechts oben nach links unten, ändern jedoch ihre Richtung, je mehr sie sich dem Werte für $\frac{U}{U_M} = 1$ nähern (bei dem also die berechnete „molekulare" Strömungsgeschwindigkeit mit der tatsächlichen übereinstimmt), derart, daß sie diesem Wert asymptotisch zustreben. Wir wollen versuchen, diese unübersichtliche Darstellung durch eine bessere zu ersetzen. Wir gehen zunächst so vor, daß wir die beiden Koordinatenachsen, und zwar jede für sich, als Teilungsträger einer Leitertafel mit drei Parallelen betrachten, wobei wir uns erinnern, daß sich Parallelen in einem doppelt-logarithmischen Netz als Punkte auf der dritten Leiter einer Fluchtlinientafel abbilden (Dualität, S. 155). Nach der Methode des Beispiels geht man dann so vor, daß man einen Durchmesserwert konstant läßt (z. B. 6″) und in der ursprünglichen Netztafel den zum jeweiligen P-Wert gehörenden Wert von $\frac{U}{U_M}$ abliest. Diese beiden letztgenannten Werte sucht man dann in der Leitertafel auf und verbindet sie durch eine dünne Bleistiftlinie. Führt man dies mit mehreren, zwar willkürlich gewählten, aber den ganzen Wertebereich erfassenden Beispielen durch, dann erhält man ein mehr oder weniger scharf ausgeprägtes Schnittpunktfeld. Sein Schwerpunkt, dessen Lage man meist per Augenmaß abschätzen wird, ist dann der geometrische Ort für die Lage des betreffenden Durchmesserwertes, in unserem Fall des 6″-Wertes. Führt man diese Konstruktionsmethode für die Kurven zwischen ½″ und 30″ durch, dann ergibt sich eine Punktreihe, durch die man einen Kurven- bzw. Linienzug legen kann. Man erhält schließlich eine Leitertafel nach Abb. 86.

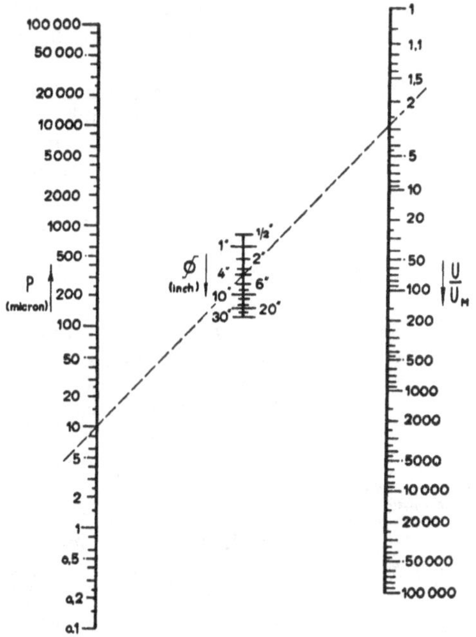

Abb. 86. Umwandlung der in Abb. 85 gezeigten Netztafel in eine Fluchtlinientafel (Schritt I)

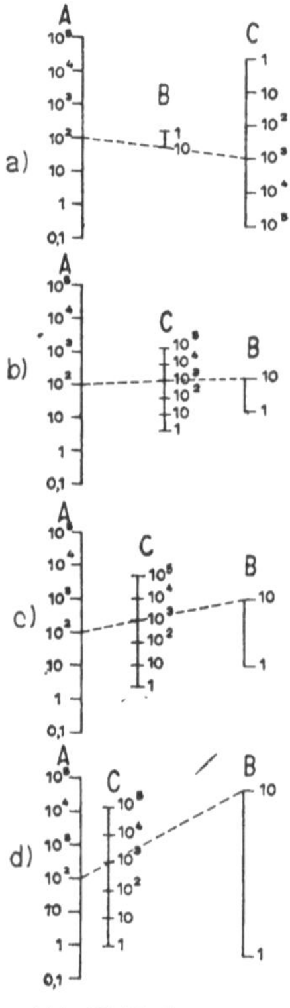

Abb. 87 Verbesserung der Ablesegenauigkeit durch Verlegung der Innenleiter nach außen

Bei dieser Tafel fällt auf, daß die Lage der Mittelleiter keine genügende Ablesegenauigkeit gewährleistet. Gewiß könnte man sie durch Maßstabsvergrößerung länger machen (z. B. 6fach), dann aber würde die Skala $\frac{U}{U_M}$ im selben Verhältnis verlängert werden müssen, was wiederum nicht notwendig und außerdem unmöglich ist, weil die Leiter über die Zeichenebene hinausgehen würde.

Es gibt nun eine Möglichkeit, die Ablesegenauigkeit auf der Durchmesserskala zu erhöhen. Diese Methode sei an einem kleinen Zwischenbeispiel erläutert (Abb. 87). Dabei entspricht Fall a) der eben geschilderten Leiteranordnung nach Abb. 86 (s. a. S. 144 Fußn.).

Legt man jetzt die Leiter B nach außen an die Stelle von C, dann rückt die Leiter C an die Stelle der Leiter B, zugleich aber verkürzt sich die Skala C um die Hälfte und ihre Richtung kehrt sich um. Fall b).

Wünscht man nun auf B eine größere Ablesegenauigkeit, dann kann man B nunmehr verlängern. Führt man dies durch, dann verringert sich der Abstand zwischen A und C (in unserem Schema Fall c) auf ein Drittel und die Leiterlänge B vergrößert sich. Diese Methode, bedingt durch Anwendung verschiedener Maßstäbe für A und B, gestattet es, die Leiterlänge von B mit derjenigen von A abzustimmen, Fall d).

Übersetzen wir jetzt unsere Netztafel etwa nach Fall d), dann erhalten wir eine Leitertafel nach Abb. 88.

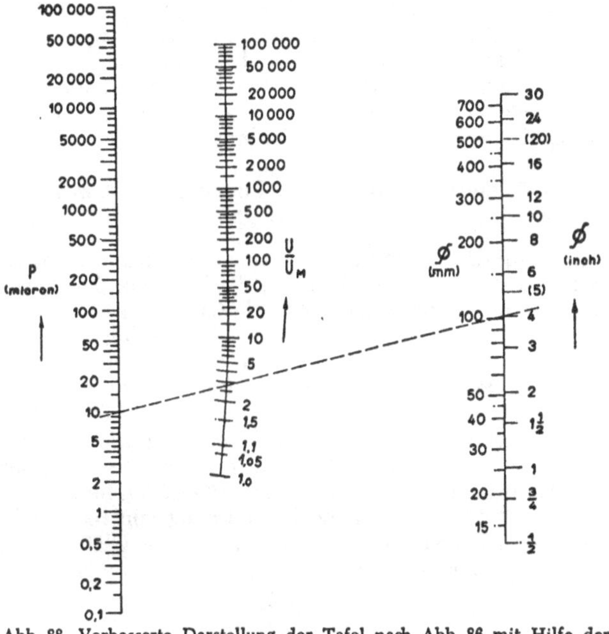

Abb. 88. Verbesserte Darstellung der Tafel nach Abb. 86 mit Hilfe der in Abb. 87 gezeigten Methode (Schritt II)

Solange die Kurvenscharen aus Abb. 85 für den Durchmesser parallele Graden mit konstanter Neigung sind, bilden sich diese als eine Punktreihe ab, die auf einer Geraden, parallel zu den Leitern für P und $\frac{U}{U_M}$ liegt. Etwa vom Werte $\frac{U}{U_M} = 2$ ab ist eine Krümmung des Teilungsträgers erkennbar, da nunmehr auch die Parallelscharen eine Krümmung erfahren, die sich dem Wert $\frac{U}{U_M}$ gleich 1, wie wir wissen, immer mehr nähern. Dies äußert sich auf dem Teilungsgefüge dadurch, daß der Abstand zwischen zwei Teilstrichen gleichen Schrittes immer größer wird. Man erkennt an diesem Beispiel, daß gewisse Gesetzmäßigkeiten bzw. Abweichungen davon bei der Überführung von einer Tafelform in eine andere nicht verlorengehen, sondern sich, wenn auch in anderer Form, in der neuen Darstellung wiederfinden*).

§ 34. Fluchtlinientafeln für Funktionen mit mehr als drei Variablen

Auch auf die Darstellung des Zusammenhanges zwischen mehr als drei Variablen läßt sich die Methode der fluchtrechten Punkte anwenden. Der einfachste Fall ist der schon erwähnte, wenn es sich um vier Variable handelt, von denen je zwei von den zwei andern abhängig sind, wie es z. B. bei den rechtwinkligen und Polarkoordinaten (vgl. S. 10) eines Punktes der Fall ist. In vielen Fällen ist es dann möglich, eine gemeinsame Fluchtlinientafel mit vier Skalen zu entwerfen, so daß man mit einer Stellung des Ableselineals die beiden abhängigen Variablen bestimmen kann. Das gilt z. B. für die Umrechnung von rechtwinkligen Koordinaten in Polarkoordinaten. Die Gleichungen für r und φ lauten

$$r^2 = x^2 + y^2$$

$$\operatorname{tg} \varphi = \frac{y}{x}.$$

Schreibt man die letztere in der Form $x^2 \operatorname{tg}^2 \varphi - y^2 = 0$, so sieht man, daß die beiden Gleichungen den beiden ersten Grundformen entsprechen und daß x und y in ihnen in denselben Funktionen auftreten, nämlich als x^2 und y^2, so daß sie also durch quadratische Skalen dargestellt werden können. Die Skala für r^2 wird dann eine parallele Gerade; die φ-Skala liegt auf einer schrägen Geraden, die

*) Eine vollständige Theorie dieser dualen Abbildungen mit vielen Beispielen findet sich in Sch 17 S. 219—240.

die 0-Punkte der x- und y-Skala verbindet. Weitere Fälle von vier Variablen, bei denen nur zwei unabhängige sind, kommen überall vor, wo komplexe Zahlen verwendet werden, denn ist eine komplexe Zahl Funktion einer andern, so sind ihr reeller und imaginärer Teil beide Funktionen des reellen und imaginären Teils der andern komplexen Zahl. Da man in der Elektrotechnik Wechselströme sowie kapazitive und induktive Widerstände durch komplexe Werte darstellt, können hierfür solche Tafeln vielfach verwendet werden.

Ein etwas komplizierterer Fall tritt auf, wenn zwischen den Größen nur eine Gleichung besteht, es sich also um eine Funktion von drei oder mehr unabhängigen Variablen handelt. Man kann dann sozusagen mehrere Fluchtlinientafeln aneinander legen. Zwei Beispiele mögen dies für zwei Fälle mit vier Variablen zeigen.

Die Formel für die Tragkraft P einer zylindrischen Schraubenfeder von kreisförmigem Querschnitt lautet:

$$P = 0{,}196_3 \cdot \frac{d^3\, k_d}{r},$$

wo d der Durchmesser des Drahtes, r der Windungsradius der Schraubenlinie und k_d die zulässige Beanspruchung ist. P werde in kg, d und r in mm und k_d in kg/mm² angegeben. Es soll eine Tafel aufgestellt werden, die für Federn von 15 bis 50 mm Windungsradius und von 2,5 bis 10 mm Drahtdurchmesser die Tragkraft angibt, wenn die zulässige Materialspannung für die benutzten Drähte zwischen 24 und 70 kg/mm² liegt. Wir logarithmieren die oben stehende Gleichung und erhalten

$$\lg P = \lg 0{,}196_3 + 3 \cdot \lg d + \lg k_d - \lg r$$

oder

$$\lg P - \lg k_d = \lg 0{,}196_3 + 3 \cdot \lg d - \lg r.$$

Nun zerlegen wir die Aufgabe, indem wir zunächst eine Zwischengröße φ einführen, durch die Gleichung

$$\lg\, 0{,}1963 + 3 \lg d - \lg r = \lg \varphi\,^{*)}.$$

*) Das negative Vorzeichen auf der linken Seite der Gleichung deutet an, daß die r und d in entgegengesetzter Richtung abgetragen werden müssen.

Diese Gleichung entspricht der 1. Grundform $f_1 + f_2 + f_3 = 0$. Wir können also eine Tafel konstruieren, mittels deren φ aus d und r gefunden wird. Des weiteren gilt dann

$$\lg P - \lg k_d - \lg \varphi = 0.$$

Diese Gleichung entspricht ebenfalls der 1. Grundform, und zwar ist die Skala für φ darin dieselbe wie in der ersten Tafel. Wir können also die Skalen für P und k_d so legen, daß sie die geforderte Beziehung zu der schon vorhandenen Skala für φ erfüllen.

Beschäftigen wir uns zunächst mit der ersten Gleichung, so sehen wir, daß wir für lg d und lg r mit einer einzigen logarithmischen Einheitsskala auskommen; denn führen wir für lg r die Einheit μ ein, für lg d die Einheit $\frac{\mu}{3}$, so wird die Skalenlänge wegen $3 \cdot \lg d$ auf beiden Seiten die gleiche, da wir den Modul $\frac{\mu}{3}$ wieder mit 3 zu multiplizieren haben. Die Entfernung der φ-Achse von der d- und r-Achse wird, wie hier nicht nochmals bewiesen zu werden braucht, $-\frac{u}{3} : \mu = -\frac{1}{3}$. Wir tragen also, wie dies in Abb. 88 geschehen ist, zwei parallele Linien in beliebigem Abstand auf, schreiben ungefähr in der Mitte dieser Linien die Werte an, welche die Variable d bzw. r im Mittel haben soll, nämlich $d = 5{,}0$ mm und $r = 25$ mm, und teilen von diesen Punkten nach beiden Seiten die Linien, logarithmisch auf Grund irgendeines bekannten Maßstabes, z. B. der großen Rechenschieberskala von 250 mm Länge. Wir ziehen ferner eine dritte Parallele im Abstand 1 : 3 von den beiden andern. Auf dieser Parallelen würden wir die Werte von lg φ in der Einheit $\mu_3 = \frac{\mu}{4}$ ablesen können. Die zweite Tafel $\lg \varphi = \lg P - \lg k_d$ besteht wieder aus drei parallelen Linien, von denen die eine (lg φ) bereits vorhanden ist, während die zweite lg k_d in beliebigem, durch die Zeichnungsgröße gegebenem Abstand gezogen werden kann. Wählen wir für lg k_d die

Einheit $\frac{\mu}{2}$, so wird die Einheit der lg P-Linie $= \frac{\mu}{6}$, und der Abstand dieser Parallelen von der lg φ und lg k_d-Linie verhält sich wie $-\frac{\mu}{4} : \frac{\mu}{2}$ oder wie $-1 : 2$. In der Abb. 89 ist die Zahl 40 kg/mm² als mittlere vorkommende zulässige Belastung in die Mitte der Zeichnung gerückt. Da die Werte von lg φ als Zwischenwerte zwar auf der Zeichnung benötigt werden, aber nicht abgelesen zu werden brauchen, so braucht man keine Teilung auf dieser Linie anzubringen, trotzdem ist es in der Praxis ratsam, eine Teilung, die willkürlich sein kann (man wird dazu zweckmäßig eine gleichförmige wählen), vorzusehen, um bei der Wahl der der Zapfenlinie folgenden Variablen den Drehpunkt fixieren bzw. bei schriftlicher Darlegung ihn benennen zu können [Sch 16]. Die Ablesung auf der in Abb. 89 berechneten Rechentafel geschieht, wie in der Figur durch punktierte Linien angedeutet ist, also folgendermaßen:

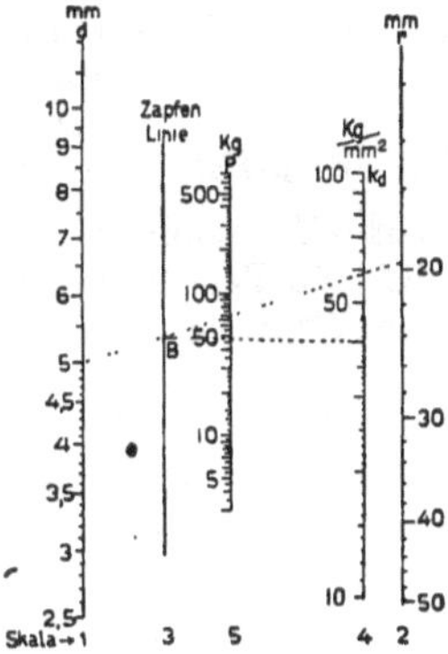

Abb. 89. Fluchtlinientafel für $P = 0196_3 \cdot \frac{d^3 k_d}{r}$

Man verbindet den auf der Skala 1 aufgesuchten Wert von d mit dem auf Skala 2 aufgesuchten Wert von r und findet einen Punkt B der Zapfenlinie (Skala 3). Diesen Punkt B verbindet man mit dem auf Skala 4 aufgesuchten Wert von k_d und erhält im Schnittpunkt mit Skala 5 den gesuchten Wert von P.

Vorbedingung hierfür ist allerdings, daß die Skala für die Zwischengröße, die den Übergang von einer Tafel zur andern vermittelt, durch dieselbe Funktion gebildet wird.

Dies wird in allen den Fällen erfüllt sein, wo die darzustellende Funktion sich durch Multiplikation und Division aus verschiedenen Potenzen der Variablen zusammensetzt. Man kann dann immer durch Logarithmieren zu Gleichungen in der 1. oder 2. Grundform gelangen, und da die Potenzexponenten, die als Faktoren zu den Logarithmen hinzutreten, ohne Schwierigkeit in die Moduln hineingenommen werden können, wird man es leicht so einrichten können, daß die auf der Zapfenlinie dargestellte Variable in beiden Gleichungen wie in unserm Beispiel in einer Logarithmusfunktion mit demselben Faktor auftritt.

Ein Beispiel, bei dem diese einfache Zusammensetzung zweier Tafeln nicht möglich ist, gibt die Berechnung der Länge eines schraubenförmig aufgewickelten Drahtes. Die Formel hierfür heißt

$$L = n\sqrt{4\pi^2 R^2 + s^2},$$

wo L die Länge, n die Zahl der Windungen, s die Ganghöhe und R der Radius des Zylinders ist, in dessen Mantel die Drahtachse verläuft. Führen wir die Hilfsgröße $l = \sqrt{4\pi^2 R^2 + s^2}$ ein, so haben wir die Gleichungen

$$l^2 - 4\pi^2 R^2 - s^2 = 0$$

$$\lg L - \lg n - \lg l = 0.$$

Beide haben die Form $f_1 + f_2 + f_3 = 0$, aber die Größe l kommt einmal in einer Quadratskala (Z I), einmal in einer logarithmischen Skala (Z II) vor. Der Übergang von der einen dieser Skalen zu der andern kann nun durch eine Gleitkurve bewerkstelligt werden. Man entwirft daher beide Tafeln ganz für sich, aber auf demselben Zeichenblatt, so daß also zwei getrennte Skalen für l entstehen (Abb. 90). Jetzt konstruiert man die Gleitkurve, indem man wie folgt verfährt: man verbindet die beiden Punkte $l = 10$ auf beiden l-Skalen miteinander, sodann die beiden Punkte $l = 20$ und verfährt ebenso mit allen einander entsprechenden Punkten der beiden Skalen, wie in Abb. 90 angedeutet. Da $l = 5$ auf Z I sehr nahe am Nullpunkt liegt, empfiehlt es sich, diese Verbindungslinie erst am Schluß zu ziehen. Legt man die Verbindungsgeraden dicht genug, so ist

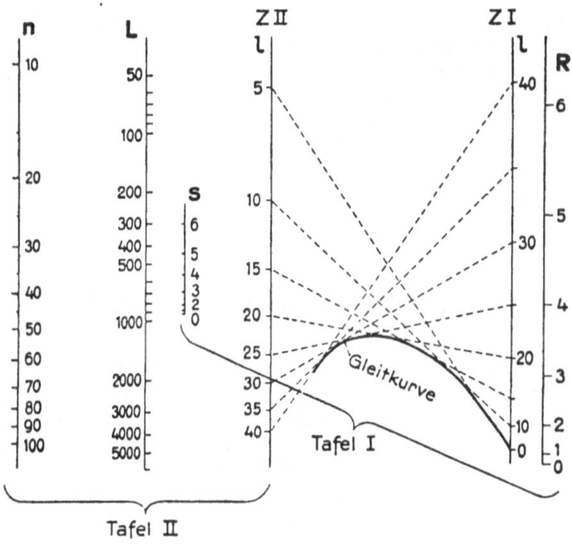

Abb. 90. Fluchtlinientafel mit Gleitkurve für $L = n\sqrt{4\pi^2 R^2 + s^2}$

die umhüllende Kurve oder Enveloppe leicht mittels des Kurvenlineals hineinzuzeichnen. Eine einzige solche Gleitkurve vermittelt den gesuchten Übergang, es ist also nicht wie bei einer Gleitkurventafel eine ganze Schar von Gleitkurven notwendig. In der fertigen Tafel werden natürlich die Geraden, mit deren Hilfe die Kurve gefunden wurde, fortgelassen, sogar die Teilungen auf den beiden l-Skalen werden unterdrückt, da ja die Hilfsgröße l nicht abgelesen zu werden braucht. Man kann aber nach S. 167 gleichförmige Teilungen vorsehen. Zur Benutzung verfährt man wie folgt: Man sucht die Werte R und s in den zugehörigen Skalen auf, verbindet sie durch eine Gerade und markiert den Schnittpunkt mit der 1. Zapfenlinien (Z I). Von diesem Punkt aus legt man eine Tangente an die Gleitkurve und markiert deren Schnittpunkt mit der 2. Zapfenlinie (Z II). Verbindet man diesen Punkt mit irgendeinem Punkt der n-Skala, so liefert der Schnittpunkt mit der L-Skala den zugehörigen Wert von L.

Durch Wiederholung dieses Verfahrens kann man schließlich auch Gleichungen mit mehr als vier Variablen der Darstellung durch Fluchtlinientafeln zugänglich machen.

β) Fluchtlinientafeln, die nicht auf Parallelkoordinaten beruhen

§ 35. Geradlinige Skalen, die sich in einem Punkte schneiden

Das Prinzip, die zusammengehörigen Werte dreier Variabler als drei in einer Geraden liegende Punkte darzustellen und sie mittels einer „Fluchtlinie" aufzusuchen, ist von der Verwendung der bisher benutzten Parallelkoordinaten vollkommen unabhängig. Wir wollen uns im folgenden mit einigen Tafelarten beschäftigen, bei denen dieses Prinzip ebenfalls angewandt, die Fluchtlinienbeziehungen zwischen den Punkten der drei Skalen aber auf Grund anderer Vorstellungen gewonnen werden. Als ersten derartigen Fall betrachten wir drei geradlinige Skalen, die sich in einem Punkt schneiden, und von denen die eine den Winkel zwischen den beiden andern halbiert (Abb. 91). Wir legen durch dieses System eine beliebige Gerade AB, und wollen nun zunächst ableiten, welche Beziehung dann zwischen den drei auf den Geraden gebildeten Abschnitten a, b und c besteht. Wir wählen ein schiefwinkliges Koordinatensystem so, daß x- und y-Achse mit den beiden äußeren Geraden zusammenfallen. Die Gleichung der hindurchgelegten Geraden AB lautet dann

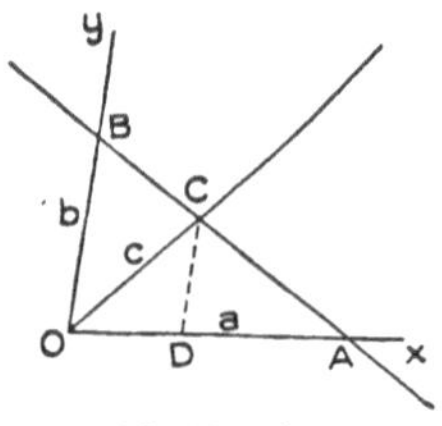

Abb. 91. Schema einer Fluchtlinientafel mit drei sich schneidenden Geraden

$$\frac{x}{a} + \frac{y}{b} = 1.$$

Die Gleichung der winkelhalbierenden Geraden lautet

$$x = y,$$

folglich gilt für den Schnittpunkt C

$$\frac{1}{a} + \frac{1}{b} = \frac{1}{x}.$$

Nun ist aber die Größe $c = x \cdot 2\cos\frac{\omega}{2}$, wenn unter ω der Winkel zwischen den Achsen verstanden wird, denn OCD ist ein gleichschenkliges Dreieck. Wir haben somit die Beziehung

$$\frac{1}{a} + \frac{1}{b} = \frac{1}{c} \cdot 2\cos\frac{\omega}{2}.$$

Tragen wir nun auf den drei sich schneidenden Geraden Funktionsskalen ab, indem wir setzen

$$\begin{aligned} a &= \mu_1 f_1 \\ b &= \mu_2 f_2 = \mu_1 f_2 \\ c &= \mu_3 f_3 = \mu_1 \quad 2\cos\frac{\omega}{2} f_3, \end{aligned}$$

so liefert jede hindurch gelegte Gerade solche Werte der drei Variablen, für welche die Beziehung gilt

$$\frac{1}{f_1} + \frac{1}{f_2} = \frac{1}{f_3}.$$

Ist z. B. $\frac{\omega}{2} = 60°$, so ist $2\cos\frac{\omega}{2} = 1$, und es wird $\mu_1 = \mu_2 = \mu_3$. Hat man also ein System von drei Linien, von denen zwei einen Winkel von 120° miteinander bilden, während die dritte diesen Winkel halbiert, und trägt man auf diesen Linien reguläre Skalen gleicher Größe auf, so besteht für jede Gerade, die das System in den Punkten α_1, α_2 und α_3 schneidet, die Relation

$$\frac{1}{\alpha_1} + \frac{1}{\alpha_2} = \frac{1}{\alpha_3}.$$

Durch dieses System läßt sich z. B. die bekannte Linsenformel darstellen, wenn wir auf Skala α_1 die Bildweite, auf α_2 die Gegenstandsweite und auf α_3 die Brennweite der Linse auftragen. Statt 120° für die Kreuzungswinkel der drei Skalen zu wählen, kann man natürlich auch jeden andern Winkel nehmen. Besonders kleinere Winkel empfehlen sich, wenn die Ablesung wegen der zu spitzen Kreuzungswinkel mit der Schnittgeraden unbequem wird.

§ 36. Geradlinige Skalen mit drei Schnittpunkten

In einem gewissen Gegensatz zu dem besprochenen System steht dasjenige, welches dadurch gekennzeichnet ist, daß die Träger der drei Skalen drei Schnittpunkte haben, also ein Dreieck bilden. Sei ABC (Abb. 92) dieses Dreieck und ZYX eine Gerade, die zwei der Seiten in inneren Punkten und eine in einem äußeren Punkt schneidet, dann ist, wenn $KC \| ZX$ gemacht wird, unter Berücksichtigung des Vorzeichens der Strecken

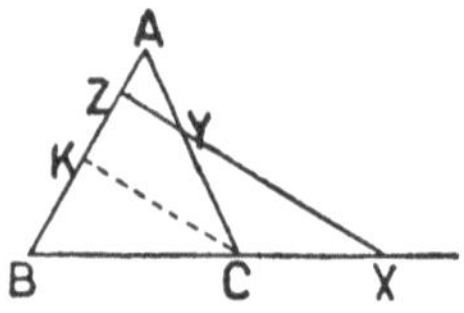

Abb. 92. Schema einer Fluchtlinientafel mit drei ein Dreieck bildenden Geraden

$$\frac{BX}{XC} = \frac{BZ}{ZK} \tag{56}$$

und

$$\frac{CY}{YA} = \frac{KZ}{ZA}. \tag{57}$$

Durch Multiplikation der linken und rechten Seiten dieser Gleichungen miteinander und durch Multiplikation der beiden Seiten der neu entstandenen Gleichungen mit $\frac{ZA}{BZ}$ entsteht der Ausdruck

$$\frac{BX}{XC} \cdot \frac{CY}{YA} \cdot \frac{ZA}{BZ} = \frac{BZ}{ZK} \cdot \frac{KZ}{ZA} \cdot \frac{ZA}{BZ}; \tag{58}$$

wegen $KZ = -ZK$ ist die rechte Seite von (58) $= -1$ zu setzen*). Setzen wir nun

$$\frac{CY}{YA} = -\varphi_1, \quad \frac{ZA}{BZ} = -\varphi_2, \quad \frac{BX}{XC} = -\varphi_3,$$

so ist $$\varphi_1 \cdot \varphi_2 \cdot \varphi_3 = 1.$$

$\varphi_1\ \varphi_2\ \varphi_3$ sind projektive Skalen. Bei E_1 und E_2 entsprechen den Strecken AB bzw. CA die Werte 0 bis ∞, bei φ_3 der Strecke von C ins Unendliche die Werte ∞ bis 1. Hat man eine Funktion darzustellen, bei der die Werte in der Nähe von 1 eine Rolle spielen, so würden diese in unbequem großer Entfernung liegen. Man setzt daher besser

$$\varphi_1 = k\psi_1; \quad \varphi_2 = k\psi_2; \quad \varphi_3 = \frac{\psi_3}{k^2}.$$

Dann gilt für die ψ ebenfalls

$$\psi_1 \cdot \psi_2 \cdot \psi_3 = 1,$$

und man kann durch geeignete Wahl von k es so einrichten, daß der Teilstrich $\psi_3 = 1$ im Endlichen liegt.

Ein durch dieses System darstellbares Beispiel wäre z. B. die Gleichung $\sin \alpha_3 = \operatorname{tg} \alpha_1 \cdot \operatorname{tg} \alpha_2$, die durch Abb. 93 dargestellt wird ($k = 1{,}25$).

Überhaupt läßt sich jedes der früher in der Form $f_1 + f_2 f_3 = 0$ behandelten Beispiele (§ 30) auch in der Form $\varphi_1\ \varphi_2\ \varphi_3 = 1$ darstellen.

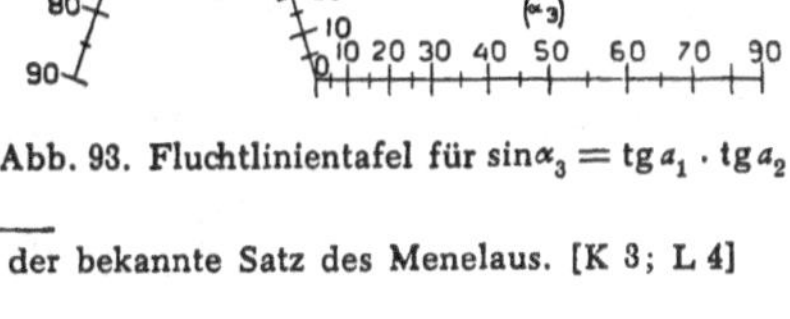

Abb. 93. Fluchtlinientafel für $\sin\alpha_3 = \operatorname{tg} \alpha_1 \cdot \operatorname{tg} \alpha_2$

*) Dies ist der bekannte Satz des Menelaus. [K 3; L 4]

§ 37. Mehrere krummlinige Skalenträger

Schließlich können die Skalen, mit denen die Fluchtlinie zum Schnitt gebracht wird, aber auch auf beliebigen gekrümmten Kurven angebracht werden, wodurch man eine große Mannigfaltigkeit weiterer möglicher Tafeln erhält, mit denen man sich den besonderen Bedingungen einer gegebenen Gleichung anpassen kann.

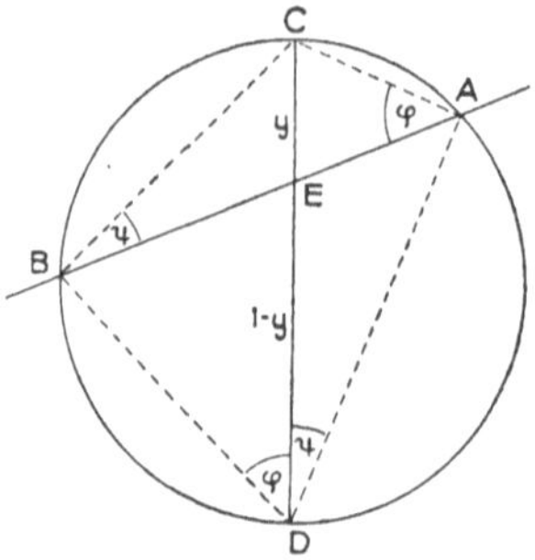

Abb. 94. Darstellung der Beziehung $\frac{x}{1-y} = \mathrm{tg}\,\varphi \cdot \mathrm{tg}\,\psi$

Als Beispiel hierfür wollen wir nun eine Tafelform besprechen, bei der die Fluchtlinienbeziehung in einfacher Weise geometrisch abzuleiten ist. Die drei Skalen sollen auf den beiden Hälften eines Kreises und dem sie scheidenden Durchmesser liegen. Legt man durch eine solche Figur eine beliebige Gerade AB (Abb. 94), so ist das Verhältnis der Durchmesserabschnitte $\frac{y}{1-y}$ gleich dem Produkt der Tangenten der Peripheriewinkel φ und ψ. Nach dem Sinussatz ist nämlich $y : EA = \sin\varphi : \cos\psi$, und $1-y : EA = \cos\varphi : \sin\psi$, also $\frac{y}{1-y} = \mathrm{tg}\,\varphi \cdot \mathrm{tg}\,\psi$.

Man sieht, daß sich mit dieser Tafel alle Funktionen darstellen lassen, die sich auf die Form $f_1 = f_2 \cdot f_3$ zurückführen lassen. Die Skalen für $z_1\, z_2\, z_3$ sind dann so anzubringen, daß

$$f_1(z_1) = \mu_1 \frac{y}{1-y} \qquad f_2(z_2) = \mu_2\, \mathrm{tg}\,\varphi$$

$$f_3(z_3) = \mu_3\, \mathrm{tg}\,\psi$$

und

$$\mu_1 = \mu_2 \mu_3 \quad \text{ist. [B 9]}$$

C. RECHENTAFELN MIT ANDEREM ABLESEINDEX

§ 38. Verhältnistafeln

Weitere Möglichkeiten zur Herstellung von Rechentafeln ergeben sich, wenn man die zusammengehörigen Punkte verschiedener Skalen statt mittels einer einzigen Geraden (Fluchtlinie) mit Hilfe irgendwelcher Systeme von Geraden oder sonstiger Linien aufsucht. Hat man z. B. einen Zusammenhang zwischen vier Variablen darzustellen, der sich in die Form einer Verhältnisgleichung bringen läßt, so kann man die im folgenden betrachteten Verhältnistafeln benutzen, die mit einem aus zwei Parallelen oder zwei aufeinander senkrecht stehenden Linien bestehen-

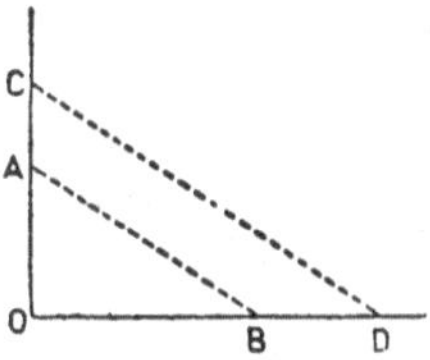

Abb. 95. Verhältnistafel mit parallelen Ablesegeraden

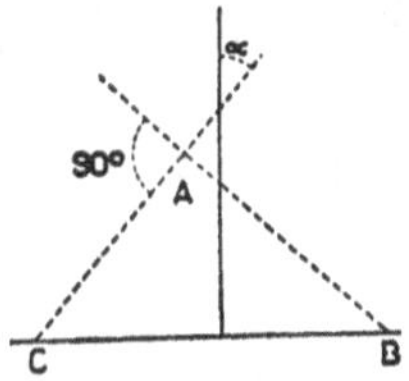

Abb. 96. Verhältnistafel mit senkrechten Ablesegeraden

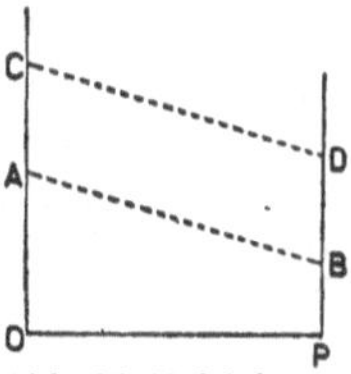

Abb. 97. Tafel für $f_1(v) - f_2(x) = f_3(w) - f_4(y)$

den System abgelesen werden. Man verwendet als Ablesegerät zweckmäßig ein auf durchsichtiges Papier gedrucktes rechtwinkliges Koordinatennetz (mm-Papier), in dem sich ja Parallelen aller Abstände von mm zu mm vorfinden.

Die drei einfachsten Formen der Verhältnistafeln werden in den Abb. 95, 96, 97 gezeigt. In Abb. 95 ist

$$\frac{OA}{OB} = \frac{OC}{OD},$$

oder, wenn wir $OA = f_1(x)$, $OB = f_2(y)$, $OC = f_3(v)$ und $OD = f_4(w)$ setzen,

$$\frac{f_1(x)}{f_2(y)} = \frac{f_3(v)}{f_4(w)},$$

d. h. wir haben auf den beiden aufeinander senkrecht stehenden Achsen die Doppelskalen $f_1(x)$, $f_2(v)$ und $f_3(y)$, $f_4(w)$ mit den entsprechenden Moduln aufzutragen und mit einem aus zwei Parallelen bestehenden Index abzulesen. Abb. 96 stellt das Schema einer gedrehten Verhältnistafel dar, auf der nur die mittlere Skala als Doppelskala ausgeführt ist, während die beiden anderen nach entgegengesetzten Richtungen verlaufen. Diese Tafel ist so zu denken, daß die Achsen *OD* und *OC* in Abb. 95 um 90° nach links gedreht worden sind. Demzufolge muß auch ihre Indexlinie um 90° gedreht werden und kommt daher senkrecht auf der zu *OA* und *OB* gehörigen Indexlinie zu stehen (gedrehte Verhältnistafel). In Abb. 97 endlich ist $OC - OA = PD - PB$ oder, wenn wir Funktionsbeziehungen einführen, $f_1(v) - f_2(x) = f_3(w) - f_4(y)$, d. h. wir haben zwei parallele Achsen mit je einer Doppelskala und lesen mit einem aus zwei Parallelen bestehenden Index ab. Diese Tafelform ist für Gleichungen von der Form

$$\frac{x^a}{y^b} = \frac{v^c}{w^d}$$

zu brauchen, wenn man dieselben logarithmiert. Es muß allerdings — und das ist zuweilen ein Hindernis für die Verwendbarkeit dieser Tafeln — für alle vier Größen der gleiche Modul gewählt werden.

§ 39. Z-Tafeln

Die Abb. 98 und 99 stellen eine wichtige Art der Verhältnistafeln, nämlich die positive und negative Z-Tafel dar. In Abb. 98 sind drei Skalen in Form des Buchstabens Z angeordnet. (Auch N-Tafeln genannt.)

Ziehen wir eine Transversale *ABD* durch die Figur, so haben wir

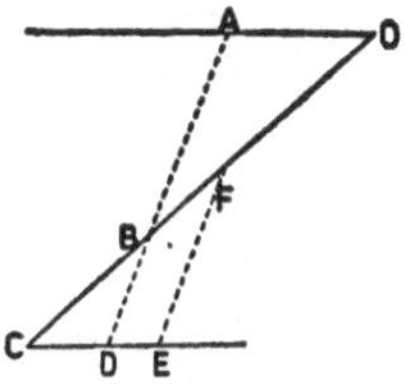

Abb. 98. Tafel für $f_1(x) + f_2(y) = \frac{f_3(v)}{f_4(w)}$

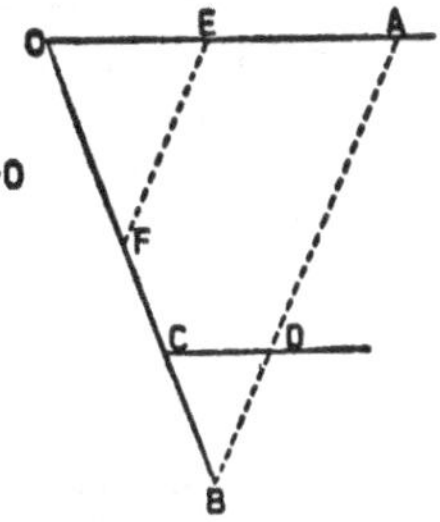

Abb. 99. Tafel für $f_1(x) - f_2(y) = \frac{f_3(v)}{f_4(w)}$

$$\frac{OA}{CD} = \frac{OB}{CB} \tag{59}$$

oder

$$OA = CD \cdot \frac{OB}{CB}. \tag{60}$$

Addieren wir auf beiden Seiten die Strecke CD, so erhalten wir

$$OA + CD = \frac{CD}{CB} \cdot \overbrace{(OB + CB)}^{OC}. \tag{61}$$

Ziehen wir eine zweite Transversale EF parallel zur ersten, so ist

$$\frac{CD}{CB} = \frac{CE}{CF}, \tag{62}$$

und setzen wir dies in (61) ein, so haben wir

$$OA + CD = \frac{CE}{CF} \cdot OC, \tag{63}$$

d. h. wenn wir auf den Strecken OA, CD, CE und CF die Funktionen $f_1(x)$, $f_2(y)$, $f_3(v)$ und $f_4(w)$ auftragen, so können wir Gleichungen von der Form

$$f_1(x) + f_2(y) = \frac{f_3(v)}{f_4(w)} \tag{64}$$

mittels der Z-Tafel darstellen. Abb. 99 stellt die negative Z-Tafel dar. Die Z-Diagonale ist hier OC, die Transversalen FE und BA. Die Gleichungen (59) und (60) gelten auch für diese Abbildung. Subtrahieren wir von beiden Seiten der Gleichung (59) die Größe 1, so erhalten wir

$$OA - CD = \frac{CD}{CB} \cdot \overbrace{(OB - CB)}^{OC}. \tag{65}$$

Für die zweite Parallel-Transversale EF gilt dann

$$\frac{CD}{CB} = \frac{OE}{OF}, \tag{66}$$

und es ist

$$OA - CD = \frac{OE}{OF} \cdot OC, \tag{67}$$

d. h. diese Tafelart eignet sich zur Darstellung von Funktionszusammenhängen von der Form

$$f_1(x) - f_2(y) = \frac{f_3(v)}{f_4(w)}. \tag{68}$$

Die Einheiten μ_1 und μ_2 für die Skalen $f_1(x)$ und $f_2(y)$ müssen gleich groß gewählt werden, da sonst die konstante Differenz $OA - CD$ an verschiedenen Stellen der Skala verschiedene Zahlenwerte darstellen würde. Die Einheiten für $f_3(v)$ und $f_4(w)$ können dagegen beliebig gewählt werden. Wir können also setzen: $OA = \mu_1 f_1(x)$, $CD = \mu_1 \cdot f_2(y)$, $OE = \mu_3 \cdot f_3(v)$ und $OF = \mu_4 f_4(w)$, oder wenn wir in (64) oder (68) einsetzen:

$$\mu_1(f_1(x) \pm f_2(y)) = \frac{\mu_3}{\mu_4} \cdot \frac{f_3(v)}{f_4(w)} \cdot OC.$$

Da nun zugleich

$$f_1(x) \pm f_2(y) = \frac{f_3(v)}{f_4(w)}$$

sein soll, so ergibt sich

$$OC = \frac{\mu_4 \mu_1}{\mu_3}$$

als die Länge für die Diagonale OC.

In der folgenden Abb. 100 wird ein Beispiel für eine negative Z-Tafel gegeben. Es handelt sich um die Darstellung der bei Zinseszinsrechnungen vorkommenden Gleichung

$$A = a\left(1 + \frac{p}{100}\right)^n,$$

wo A die Endsumme ist, die aus dem Anlagekapital a, welches n Jahre lang zum Zinsfuß p auf Zinseszins gelegen hat, entsteht. Logarithmieren wir die Gleichung, so erhalten wir

$$\lg A - \lg a = n \cdot \lg\left(1 + \frac{p}{100}\right),$$

was in die Form der negativen Z-Tafel übergeht, wenn wir schreiben:

$$\lg A - \lg a = \frac{\lg\left(1 + \frac{p}{100}\right)}{\frac{1}{n}}.$$

Wir haben also auf den zwei parallelen Linien OA und CD (Abb. 99) logarithmische Skalen für A und a aufzutragen, ferner eine dritte logarithmische Skala in der Richtung OE für die Größe $1 + \frac{1}{100}$. Auf der Diagonale OC wird die reziproke Jahresskala $\frac{1}{n}$ gezeichnet, welche, wie wir früher sahen, projektiv mit der regulären Skala n verwandt ist. Nach Berechnung zweier Punkte (als dritter Punkt ist der Endpunkt $\frac{1}{\infty} = 0$ gegeben) kann die Skala $\frac{1}{n}$ also gezeichnet werden.

Wir wollen A und a von 1000 bis 100 000 Mark, n von 3 bis 50 Jahre und p von 1 bis 6 Prozent variieren lassen. Wählen wir dann für lg 10 000 — lg 1000 = 1 eine Strecke von 10 cm, so haben wir damit die Einheit des Logarithmus = 10 cm gemacht (die Figur ist im Maßstab 1 : 3 wiedergegeben). Für μ_3 müssen wir eine sehr große Zahl wählen, da $\lg\left(1 + \frac{p}{100}\right)$ sich nur von 0,0043 auf 0,0253 ändert, wenn p von 1 bis 6 wächst. Wollen wir also die Skala für die Differenz von $^1/_{10}$ Prozent bequem ablesbar machen, so muß jedes ganze Prozent 0,5 bis 1 cm groß auf der Skala erscheinen. Das geschieht, wenn wir $\lg\left(1 + \frac{p}{100}\right)$ den Modul $\mu_2 = 200$ geben, denn dann wird die Strecke zwischen 1 Prozent und 6 Prozent rund 5 cm lang. Den Modul von n wählen wir den übrigen Dimensionen der Zeichnung entsprechend zu 60 cm, denn dann wird $\frac{1}{n}$ für $n = 3$, d. h. die größte vorkommende Entfernung von dem auf „O" liegenden Nullpunkt 20 cm. Im Nullpunkt der Skala ist $\frac{1}{n} = 0$, d. h. $n = \infty$. Die Länge der Diagonale OC unserer Figur ergibt sich nach der vorher angeführten Rechnung zu

$$\frac{\mu_1 \cdot \mu_4}{\mu_3} = 3 \text{ cm.}$$

Als Ablesegerät wird auch hier ein durchsichtiges mm-Papier verwendet. Will man z. B. den Endwert eines Kapitals von 6000 Mark in 15 Jahren bei einem Zinseszinsfuß von $2^3/_4$% ermitteln, so legt man das Ableseblatt so, daß $n = 15$ und $p = 2^3/_4$ durch eine der Netzgeraden verbunden werden, und liest auf der dann durch $a = 6000$ verlaufenden parallelen Geraden an der A-Skala den Wert 9000 Mk. ab (genau richtig wäre 9013 Mk.). In der Figur ist die Lage der Ableseparallelen punktiert eingezeichnet.

Weitere Verallgemeinerungen der nomographischen Methode unter Verwendung gekrümmter Ableselinien erörtert A. Fischer, Zeitschr. f. angew. Math. u. Mech. 7, 1927, S. 211.

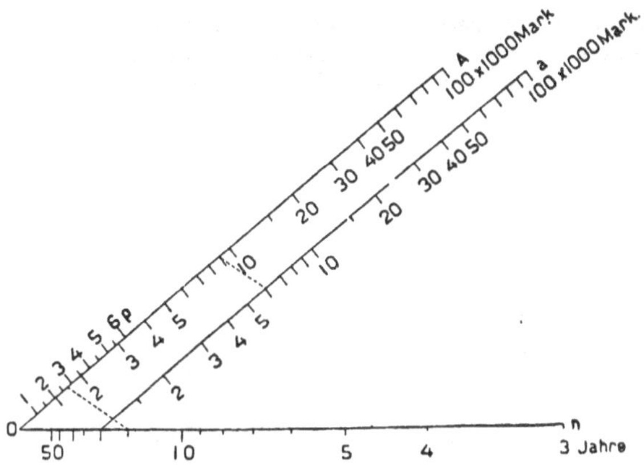

Abb. 100. Tafel für die Zinseszinsformel $A = a\left(1 + \frac{p}{100}\right)^n$

§ 40. Nomogramme aus der Chemie

Auch die chemische Industrie bedient sich der zeitsparenden Methoden der Nomographie. Immer wiederkehrende Rechnungen, z. B. bei Analysen, können dadurch auf ein Mindestmaß von Rechenaufwand zurückgeführt werden, man kann sogar ungeschulte Mitarbeiter mit der nomographischen Ausrechnung von Analysen betrauen.

Abb. 101 zeigt ein Nomogramm aus Chemical Engineers' Handbook, Edited by J. H. Perry, Copyright, 1949, Courtesy of McGraw-Hill Book Co., New York, das gestattet, den Dampfdruck von 77 bis 94%iger, wäßriger Phosphorsäure zu bestimmen.

Die Benutzung des Nomogramms für die verschiedenen chemischen Substanzen, die durch einen besonderen Ablesepunkt im Nomogramm zu kennzeichnen sind, erfordert, um eine Überladung der Rechenfläche mit Punkten und ihrer Kennzeichnung zu vermeiden, eine besondere Maßnahme. Wir zeigen im folgenden ein solches Nomogramm, bei dem Leitern, Tabelle und mehrere Grundelemente der Nomographie miteinander gekoppelt wurden (s. Abb. 102).

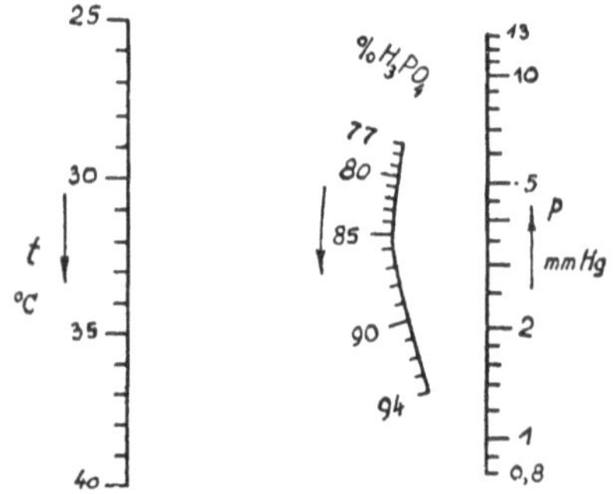

Abb. 101. Partialdruck von 77 bis 94%iger wäßriger Phosphorsäure in Abhängigkeit von der Temperatur

Besonders vorteilhaft ist es, wenn man ein einziges Nomogramm für verschiedene chemische Stoffe verwenden kann. An Stelle eines Rechenfeldes mit Punktscharen zeichnet man jetzt ein Koordinatennetz mit den Achsen x und y in das Nomogrammfeld, gibt gesondert ein Verzeichnis dazu, dem man die Lage der Punkte für die verschiedenen chemischen Stoffe entnimmt (mit den jeweiligen Koordinaten x und y) und überläßt es dem Benutzer, den Punkt in das Nomogrammnetz einzutragen. Abb. 102 zeigt ein solches Nomogramm aus: D. S. Davis, Empirical Equations and Nomography, McGraw-Hill Book Comp. Inc. New York 1943 sowie J. H. Perry, Chemical Engineers' Handbook 1949, Courtesy of McGraw-Hill Book Co., New York.

Punkt P_1 gilt für Luft und ist einzutragen in $x = 11$ und $y = 20$, Punkt P_2 gilt für Wasser und hat die Koordinaten $x = 8$ und $y = 16$. Dargestellt ist der Zusammenhang zwischen Temperatur und Viskosität. Weitere chemische Nomogramme in D. S. Davis, Chemical Engineering Nomographs, McGraw-Hill Book Comp. Inc. New York, 1944.

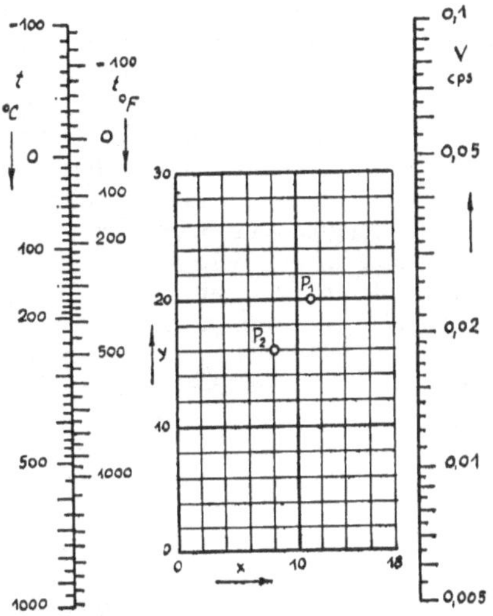

Abb. 102. Viskosität von Gasen in Centipoisen. (Die Koordinaten des Punktes, der einem bestimmten Gas entspricht, werden einem besonderen Verzeichnis entnommen. Diese Methode vermeidet eine Überladung des Nomogramms mit Punkten)

D. WEITERE RECHENHILFSMITTEL

§ 41. Bewegliche Skalen

Neben die Rechentafeln treten als weitere Hilfsmittel zur Berechnung von Formeln mit mehreren Veränderlichen die Vorrichtungen mit beweglichen Skalen, die zueinander in verschiedene Lagen gebracht werden können. Eine Gruppe davon haben wir schon in den Wanderkurvenblättern kennengelernt (vgl. § 22). Ein besonders handliches Instrument ergibt sich, wenn die Skalen nur in einer

Richtung längs aneinander verschiebbar sind. Es entsteht dann der Rechenschieber oder Rechenstab, der in seiner Handhabung vielleicht noch bequemer ist als die Fluchtlinientafel, aber zu seiner Herstellung handwerkliche oder fabrikmäßige Arbeit erfordert, da Schieber und Zunge starr sein und präzis aufeinander gleiten müssen, also etwa aus Holz oder steifer Pappe zu fertigen sind. Vorteilhaft ist es, bevor man einen Rechenschieber für Spezialzwecke in größerer Auflage herstellen läßt, sich vorher an Hand eines behelfsmäßig anzufertigenden Rechenschiebers über Maßstab, Anordnung, Verteilung und Beschriftung der anzubringenden Teilungen eine Übersicht zu verschaffen. Für diesen Zweck genügen Rechenschieber, die man sich selbst anfertigen kann und für die in Abb. 103 einige Vorschläge gemacht werden. a und b zeigen Rechenschieber aus steifem Papier mit einer bzw. zwei Zungen, *c* ist aus Pappe geklebt und *d* zeigt einen Rechenschieber aus Holz mit zwei Zungen. Auch für Rechnungen mehr informatorischer Natur sind solche schnell und billig herzustellenden Rechenschieber zu empfehlen. Der bekannteste Rechenschieber, der logarithmische, dessen Verwendungsbereich vielfach durch Hinzufügung einer lglg-Skala erweitert ist und der bei dem System „Darmstadt“ (Prof. A. Walther) auch noch die Funktionsskala $\sqrt{1-x^2}$ enthält, befindet sich heute nicht nur in der Hand fast eines jeden Ingenieurs und Technikers, sondern erfreut sich auch in Kreisen der Naturwissenschaftler, Chemiker

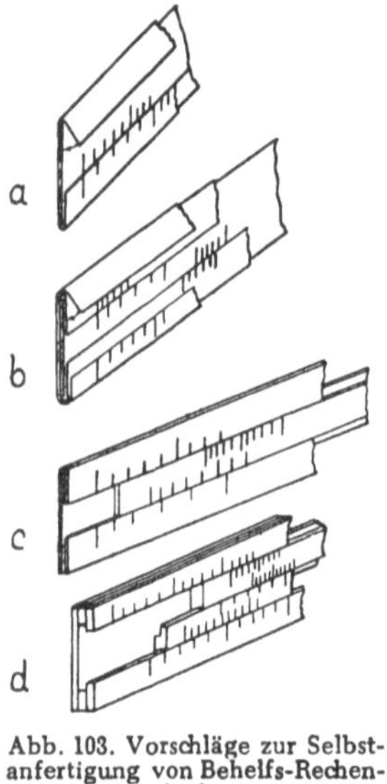

Abb. 103. Vorschläge zur Selbstanfertigung von Behelfs-Rechenschiebern

sowohl als auch in denen der Kaufleute und Verwaltungsbeamten einer steigenden Beliebtheit, sein Anwendungsgebiet vergrößert sich ständig. Außer diesem lassen sich natürlich auch noch andere für zahlreiche spezielle Aufgaben geeignete Rechenschieber angeben. Zur Selbstherstellung von solchen können Rechenschieber ohne Skalen vom Ausschuß für wirtschaftliche Fertigung*) sowie von Dr. Seehase, Warnemünde, bezogen werden. Konstruktion und Anwendung der verbreitetsten Arten sind in dem Buch von Werkmeister (Bd. 405 dieser Sammlung, vgl. das Literaturverzeichnis S. 209) beschrieben. Eine Literaturzusammenstellung über Rechenschieber nach dem Stand des Jahres 1923 findet sich bei Schrutka, Zahlenrechnen, S. 117. Insbesondere sei auch auf das Buch desselben Verfassers über den logarithmischen Rechenschieber verwiesen (siehe Literaturverzeichnis), ferner auf die Übungsaufgaben zum praktischen Gebrauch des Rechenschiebers bei v. Sanden, Mathematisches Praktikum, Leipzig 1927. Kompliziertere Apparate mit mehreren verschiebbaren oder drehbaren geraden oder krummlinigen Skalen werden bei d'Ocagne, Traité de Nomographie, und bei Mehmke, Leitfaden zum graphischen Rechnen, beschrieben.

Für wiederholte Ablesung mittels Strahlenbüschels durch einen festgehaltenen Punkt bietet das Happach-Gerät eine wesentliche Rechenerleichterung. Dieses Gerät besteht aus einer festen Grundfläche, auf die das Nomogramm befestigt wird und einem verschiebbaren Pol, um das sich das Ableselineal dreht, dessen Ablesekante (bzw. Zeichenkante) in ihrer Verlängerung durch eben diesen Pol geht. Die Synthese dieses Gerätes mit Netznomogrammen und Netzkombinationen, besonders jedoch mit projektiven Papieren läßt ein graphisches Differenzieren und Integrieren zu. Das für Differentialgleichungen benötigte Richtungsfeld [H 7, R 19] läßt sich durch diese Anordnung sehr schnell zeichnen, da das sonst notwendige Parallelenabsetzen hier wegfällt. In Abb. 104 ist die in Abb. 52 schon

*) s. S. 187.

gezeigte Dobbeler'sche Tafel mit dem Happach-Gerät gekoppelt. Ist z. B. der Exponent gegeben — im Beispiel ist b = 3 —, und man sucht alle Werte die gemäß Formel (61) zusammengehören, wenn etwa $L_1 = 1000$ und $L_2 = 200$ ist, dann braucht man nur den Zeiger über die Nomogrammfläche zu führen, um alle möglichen Werte von η ablesen zu können.

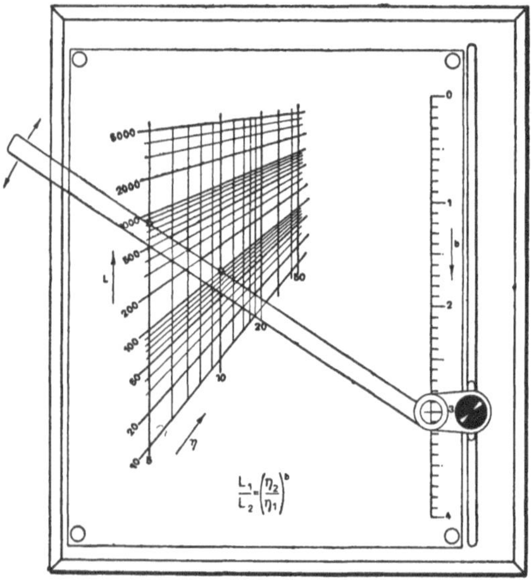

Abb. 104. Kombination von HAPPACH-Gerät mit DOBBELER'scher Tafel nach Abb. 52 (Nach: J. FISCHER)

§ 42. Schlußwort

Die große Zahl von neueren Lehrbüchern und Einzelarbeiten, die sich mit den graphischen Hilfsmitteln aller Art, besonders aber der Nomographie, beschäftigen, zeigt, in welchem hohen Grade diese Gebiete für die Praxis Bedeutung gewonnen haben. Für denjenigen, der in das

Gebiet eindringen möchte, wird es jedoch weniger darauf ankommen, sich eine vollständige Kenntnis dieser Literatur anzueignen, was auch kaum möglich sein dürfte, als sich selbst an praktischen Aufgaben zu üben. Die graphische Darstellung ist wie das Zahlenrechnen eine Kunst, die nur durch Anwendung gelernt werden kann. Es ist daher jedem Lernenden zu empfehlen, nicht nur nach dem Verständnis der in diesem Buche dargestellten Beispiele zu streben, sondern selbst zu eigenen Beispielen Tafeln zu entwerfen und deren Zweckmäßigkeit im Gebrauch zu erproben.

Bei der zeichnerischen Ausführung von Nomogrammen ist es vorteilhaft, sich die Erfahrungen des Ausschusses „Nomographie" (Anschrift: Berlin-Schmargendorf, Auguste-Viktoria-Straße 66, AWF) zunutze zu machen. Dieser Ausschuß gab sein Einverständnis, die von ihm in langjähriger Praxis erarbeiteten „Richtlinien für die Ausführung und Beschriftung von Nomogrammen" in diesem Göschenbändchen zu veröffentlichen, wofür die Verfasser auch an dieser Stelle ihren Dank aussprechen.

Richtlinien für die Ausführung und Beschriftung von Nomogrammen

I. Teilungen

Bei Tafeln mit mehreren Leitern empfiehlt sich eine Angleichung der Ausführung und Ausstattung der einzelnen Leitern, um ein einheitliches Tafelgefüge zu erreichen.

1. Anordnung der Teilstriche

   Die Teilstriche sollen in jedem Fall senkrecht zum Teilungsträger stehen.

   Äußere Skalen erhalten nach außen weisende Teilstriche.

   Mittlere Skalen sollen die Teilung auf der Seite des größeren Zwischenraumes tragen.

2. Teilstrichintervalle

   Teilstriche, zwischen denen interpoliert werden soll, haben einen Abstand zwischen 1 und höchstens 5 mm;

dabei sind die Grundsätze der Interpolationsgenauigkeit zu berücksichtigen, die letzten Endes den Maßstab der Gesamtdarstellung bestimmen.

3. S t r i c h d i c k e n

Für Teilstriche: etwa $^1/_{20}$ des kleinsten Teilstrichintervalles.

Für Teilungsträger: etwa $^1/_{500}$ der Länge des größten Teilungsträgers.

4. T e i l s t r i c h l ä n g e

Grundteilungsstriche, z. B. Einserstriche = $^3/_4$ der Länge eines mittleren Teilstrichintervalles, jedoch nicht kleiner als 2 mm.

Teilstriche an Stellen von Zahlenschrittänderungen oder zum Hervorheben anderer ausgezeichneter Werte, z. B. Zehnerstriche = 2fache Länge eines Grundteilungsstriches.

Halbierungsstriche, z. B. Fünferstriche = 1,5fache Länge eines Grundteilungsstriches; an Stelle dieses längeren Teilstriches ist es auch zulässig, den Grundteilungsstrich mit einem darüber gesetzten Punkt zu verwenden.

5. B e z i f f e r u n g

Sparsam! Nicht mehr als zum bequemen Ablesen erforderlich ist.

Bei Funktionsteilungen sind Zahlenwerte bei jeder Änderung des Zahlenschrittes anzuschreiben.

Bei logarithmischen Teilungen wird empfohlen, z. B. 1—2—5—10 anzuschreiben.
Die Höhe der Ziffern ist der Strichlänge anzupassen.

6. B e z e i c h n u n g d e r T e i l u n g s t r ä g e r

Jede Teilung ist möglichst an ihrem oberen Ende durch die Angabe des Symbols der dargestellten Größe zu kennzeichnen, und zwar in 2- bis 3facher Größe der Teilungsziffern und mit Angabe der Maßbezeichnung

(z. B. P_{kg} oder P [kg] oder $\frac{P}{kg}$).

Es ist ratsam, die Richtung der steigenden Werte durch Pfeile zu bezeichnen.

7. Abstand der Teilungsträger

Der Abstand der Teilungsträger ist so zu wählen, daß bei der Auswertung nicht zu spitze Schnitte entstehen. Drei-Leiter-Tafeln macht man aus diesen Gründen etwa ebenso breit wie lang; gegebenenfalls ist eine Anpassung an die DIN-Formate zweckmäßig.

II. Kennzeichnung des dargestellten Zusammenhanges

1. Immer durch ein Stichwort, z. B. „Festigkeit gesickter Bleche“ oder „Durchbiegung von Trägern“ usw.
2. Durch eine Figur, sofern der Sachverhalt es erfordert, insbesondere zur eindeutigen Festlegung von in der Rechentafel verwendeten Symbolen.
3. Durch Angabe der Formel. Diese wird an geeigneter Stelle — meist rechts unten — angegeben und rechteckig eingerahmt.

   Bei empirischen Zusammenhängen entfällt diese Angabe.
4. Erläuternde Texte sind möglichst zu vermeiden.

III. Gebrauchsanleitung

1. Durch Eintragung eines Beispieles.

   Das kann geschehen:

   1.1 entweder durch Einzeichnen der für das Beispiel geltenden Auswertegeraden in das Nomogramm; wenn mehrere Auswertegeraden erforderlich sind, werden sie in der Reihenfolge ihrer Anwendung beziffert. Die Zahlenwerte des Beispiels können vermerkt werden, sind aber nicht in das Nomogramm selbst einzutragen;

1.2 oder durch einen besonderen Ableseschlüssel in Form eines verkleinerten Nomogrammes, in den die für das Beispiel geltenden Auswertegeraden und Zahlenwerte eingetragen werden. Auch hier ist die Reihenfolge der Anwendung zu kennzeichnen. Der Ableseschlüssel ist vorzuziehen, wenn es sich um schwierige und umfangreiche Auswertungen handelt.

2. Durch Angabe des Rechenweges, wenn das Eintragen eines Beispieles nach 1.1 oder 1.2 nicht ausreicht.

3. Bei einfachen Drei-Leiter-Tafeln erübrigt sich im allgemeinen jede Gebrauchsanleitung.

IV. Teilungen für Funktionsscharen und -netze

1. Anordnung der Teilstriche

Unter Teilstrich ist jede Verlängerung einer Funktionslinie über den eigentlichen Netzrand hinaus zu verstehen. Teilstriche sind nur dann herauszuziehen, wenn sie mit einer Bezifferung versehen werden sollen.

2. Funktionslinienintervalle

Funktionslinien, zwischen denen interpoliert werden soll, haben einen Abstand zwischen 3 und höchstens 8 mm; dabei sind die Grundsätze der Interpolationsgenauigkeit zu berücksichtigen, die letzten Endes den Maßstab der Gesamtdarstellung bestimmen.

3. Strichdicken

Die Strichdicke ist der Bildgröße und der verlangten Genauigkeit anzupassen.

4. Teilstrichlänge

Wie bei I.4.

5. Bezifferung

Sparsam! Nicht mehr als zum bequemen Ablesen erforderlich ist.

Beziffert werden:

a) Teilstriche.

b) Markante Funktionslinien (nur bei der 3. Funktionsschar), die den Netzrand nicht schneiden.

Die Ziffern sollen parallel oder senkrecht zu den Funktionslinien oder Teilstrichen stehen. Sich schneidende Bezifferungen sind zu vermeiden.

Die Höhe der Ziffern ist dem Netzgefüge anzupassen.

6. Bezeichnung der Funktionsscharen
Jede Funktionsschar ist durch Angabe der dargestellten Größe zu kennzeichnen, und zwar in 2- bis 3facher Größe der Bezifferung und mit Angabe der Dimension. Es ist ratsam, die Richtung der steigenden Werte durch Pfeile zu kennzeichnen.

V. Kennzeichnung des dargestellten Zusammenhanges
VI. Gebrauchsanleitung
} s. II. und III.

Wer sich über die Arbeitsergebnisse des AWF-Ausschusses „Nomographie" unterrichten möchte, sei auf die „Berichte des Ausschusses Nomographie" hingewiesen, die laufend in der „Zeitschrift für wirtschaftliche Fertigung" (ZwF) erscheinen. Rudolf Haufe-Verlag, Freiburg i. B. und Berlin. Herausgeber: Prof. Dr. Ing. H. Schallbroch, Techn. Universität Berlin.

Anhang I.

Übersicht der Tafeltypen

1. Drei Variable

Allgemeine Grundform	Tafelart	Beispiel	Formel	Seite
$F(x, y, z) = 0$	Netztafel mit Kurvenschar im rechtwinkligen Netz	Walzgrad, Temperatur, Kristallgröße	$\mu = F(W, T)$	
		Druck, Temperatur, spez. Wärme	$p = f(c, T)$	
	Fluchtlinientafel mit zwei geraden Skalen u. Gleitkurvenschar	Erwärmungsgeschwindigkeit einer Maschine	vergl. S. 153	
$f_1 + f_2 + f_3 = 0$	Netztafel mit Parallelenschar in funktional verzerrtem Netz	Multiplikation. Widerstand, Durchmesser, spez. Widerstand	$x \cdot y = z$ $w = \sigma : \frac{\pi d^2}{4}$	
	Fluchtlinientafel mit drei parallelen Skalen	Wellenlänge, Kapazität, Selbstinduktion	$\lambda = \frac{2\pi}{100} \sqrt{LC}$	
		Brechungsindex, Einfalls- und Brechungswinkel	$n = \frac{\sin\alpha}{\sin\beta}$	
	Funktionsnetz mit quadratisch geteilten Koordinaten		$x^2 + y^2 = a^2$	
	Leitertafel mit gekrümmter Leiter und Übergang zu pseudologarithmischer Teilung	Molekulargeschwindigkeit, lichte Rohrweite, Druck	Empirische Funktion!	
$f_1 + f_2 + f_3 = C$	Dreiecksnetz mit gleichförmig geteilten Seiten			
$f_1 \cdot f_2 \cdot f_3 = C$	Dreiecksnetz mit logarithmisch geteilten Seiten	Durchgriff, Steilheit, innerer Widerstand „Röhrendreieck“	$D \cdot S \cdot W = 1$	

Allgemeine Grundform	Tafelart	Beispiel	Formel	Seite
$f_1 + f_2 f_3 = 0$	Strahlentafel mit Strahlen durch den Ursprung bei funktional verzerrtem Netz	Filmlänge, Bildzahl/sec. Vorführungsdauer	$L = 1{,}14\, v \cdot t$	
	Doppelstrahlentafel mit Kurvenschar	Strom, Spannung, Widerstand	$R = \frac{U}{I}$	
	Fluchtlinientafel mit zwei Parallelen und einer diese schneidenden geraden Skala (N-Tafel)	Barometerkorrektur, Druck, Temperatur	$\varepsilon = t \cdot 0{,}00016\, p$	
	Fluchtlinientafel mit drei Geraden, die ein Dreieck bilden		$\sin\alpha_3 = \mathrm{tg}\alpha_1 \cdot \mathrm{tg}\alpha_2$	
	Netztafel mit einer Geraden konstanter Neigung	Diffusionskoeffizient für Kohle in Wolfram, absolute Temperatur	$\lg_e D = -\frac{E}{RT} + c$	
$\frac{z}{y} = \varphi\left(\frac{x}{g}\right)$	Fluchtlinientafel mit einer geraden und zwei gekrümmten Skalen, Wanderkurvenblatt	Zickzacknietung	$e = \sqrt{(11\,p + 4\,d)\,(p + 4\,d)}$	
$f_1 f_3 + f_2 g_3 + h_3 = 0$	Fluchtlinientafel mit zwei geraden und einer gekrümmten Skala	Linsendicke, -durchmesser, Krümmungsradius	$\frac{d^2}{4} = e\,(2R - e)$	
		Helligkeit, horizontaler u. vertikaler Lichtquellenabstand	$H = \frac{10^6 z}{(H^2 + z^2)^{3/2}}$	
		Endtemperatur der Erwärmung aus zwei Temperaturmessungen	$\left(\frac{t_\infty - t_1}{t_\infty}\right)^2 = \frac{t_\infty - t_2}{t_\infty}$	
$\frac{1}{f_1} + \frac{1}{f_2} + \frac{1}{f_3} = 0$	Fluchtlinientafel mit drei sich in einem Punkt schneidenden Geraden	Linsenformel	$\frac{1}{a} + \frac{1}{b} = \frac{1}{f}$	

2. Mehr als drei Variable

Allgemeine Grundform	Tafelart	Beispiel	Formel	Seite
$\left.\begin{array}{l} f_3 = f_1 + f_2 \\ f_4 = \frac{f_1}{f_2} \end{array}\right\}$	Fluchtlinientafel mit drei parallelen und einer sie schneidenden Skala	Polar- und kartesische Koordinaten	$r^2 = x^2 + y^2$ $\operatorname{tg} \varphi = \frac{y}{x}$	
$f_1 + f_2 + f_3 + f_4 = 0$	Fluchtlinientafel mit vier parallelen, geraden Skalen u. einer Zapfenlinie	Tragkraft einer Schraubenfeder	$P = c \frac{d^3 \cdot kd}{r}$	
$f_1 + f_2 (f_3 + f_4) = 0$	Fluchtlinientafel mit vier parallelen Skalen, zwei Zapfenlinien und einer Gleitkurve	Länge eines schraubenförmig gewickelten Drahtes	$L = n \sqrt{4\pi^2 K^2 + s^2}$	
$F_{1(\alpha)} = \frac{F_2(\beta) + F_{3,4}(\gamma, \delta)}{G_{3,4}(\gamma, \delta)}$	Fluchtlinientafel mit zwei parallelen Funktionsleitern sowie einem Funktionsnetz. Falls $\delta = o$, ergibt sich an Stelle des Netzes eine Funktionsleiter	Geograph. Breite, Deklination der Sonne, Sonnenhöhe, Sonnenauf- und -untergang, Dämmerung, astronomische und bürgerliche. für Polargegenden) Polarnacht	$\cos t = \frac{\sin h - \sin\varphi \sin\delta}{\cos\varphi \cos\delta}$	
$f_1 + f_2 + f_3 f_4 = 0$	Funktionspapier mit quadratischer Teilung beider Achsen		$Y = \sqrt{a^2 + bX^2}$	
	Funktionsnetz mit lg lg = Teilung der Ordinatenachse und lg = Teilung der Abszissenachse	Korngröße, Gewicht der Stückgrößen, prozentualer Anteil an der Gesamtmenge, Material-beschaffenheit	$\frac{100}{K} = c \left(\frac{x}{c}\right)^n$ (Doppelt logarithmisches Körnungsnetz nach Rosin-Rammler-Sperling, RRS=Netz)	
$\frac{f_1}{f_2} = \frac{f_3}{f_4}$	Verhältnistafel, zwei sich schneidende Geraden mit zwei Parallelen als Ableseindex			
$f_1 \pm f_2 = \frac{f_3}{f_4}$	Z-Tafel mit zwei Parallelen als Ableseindex	Zinseszinsformel	$A = a \left(1 + \frac{p}{100}\right)^n$	

Allgemeine Grundform	Tafelart	Beispiel	Formel	Seite
$\frac{X \cdot U}{r} = F\left(\frac{Y \cdot U}{s}\right)$	Wanderkurvenblatt	Wicklungsumgänge von Uhrfedern	$\frac{n \cdot s}{r_1} = \sqrt{10 - 9\left(\frac{r_2}{r_1}\right)^2} - 4 + 3 \cdot \frac{r_2}{r_1}$ 3,45	
$\frac{F_1(\gamma) - F_2(\gamma)}{G_1(\beta) - G_2(\beta)} = \text{tg}\,\alpha = M$	I) Funktionsnetz, Ordinate nach F(γ), Abzisse nach G(β) geteilt. Der Anstieg tg α = M wird bestimmt durch Parallelabsetzen der Richtungsgeraden in ein Anstiegsdreieck		$\frac{y_2 - y_1}{x_2 - x_1} = \text{tg}\,\alpha = M$	
	II) Projektiv verzerrtes Funktionsnetz nach I), jedoch ist jetzt der Wert des Anstieges auf einer Skala unmittelbar ablesbar.	Dobbeler'sche Tafel $\frac{\lg L_2 - \lg L_1}{\lg \eta_2 - \lg \eta_1} = -b$	$\frac{L_1}{L_2} = \left(\frac{\eta_2}{\eta_1}\right)^b$	
$f_1 g_1 + f_2 g_2 + \dots f_i g_i$	Summenbildung in projektiv verzerrten Netzen		$a_1 b_1 + a_2 b_2 + a_3 b_3 + a_4 b_4 = S$	
$\frac{\sum f_i g_i}{\sum f_i} = S$	wie oben		$\frac{\sum_{i=1}^{i=4} a_i b_i}{\sum_{i=1}^{i=4} a_i} = S$	
$x_1^{y_1} \cdot x_2^{y_2} \dots x_i^{y_i} = z$ $\frac{\sum_{n=1}^{n=i} x_i^{y_i}}{\sum_{n=1}^{n=i} x_i} = S$	Projektiv verzerrtes Funktionsnetz mit Funktionsteilungen auf beiden Koordinatenachsen, z wird auf der Anstiegsleiter abgelesen			

Literaturverzeichnis

A

1 Agostini, A., Nomografia, Livorno 1942.
2 Allcock and Jones, The Nomogram (The theory and practical construction of computation charts). London 1952, 5. Aufl.
3 d'Ans, J., Lax, E., Taschenbuch f. Chemiker u. Physiker, Berlin 1949, 2. Aufl.
4 Arkin, H., Colton, R. R., Graphs. How to make and use them. New York 1940, 2. Aufl.
5 Auerbach, F., Die Physik in graphischen Darstellungen. Leipzig 1912.
6 Auerbach, F., Die graphische Darstellung. Leipzig 1918, 2. Aufl.
7 Athen, H., Nomographie. O. Salle, Frankfurt a. M. 1956.

B

1 Bahlecke, F., Sonderrechenstäbe. Ihre Anwendung und ihr Entwurf. RKW-Veröffentlichung Nr. 68. Berlin 1931.
2 Balogh, A., Beitrag zur Nomographie. Wien-Leipzig 1938, 2. Aufl.
3 Beckel, A., Anwendung der Großzahlforschung in der Lebensmittelchemie. Z. f. Untersuchung d. Lebensmittel. 66 (1933) S. 158—177.
4 Beckel, A., Daeves, K., Ein neues Hilfsmittel der Großzahlforschung. Stahleisen 54 (1934) S. 1305—1309.
5 Becker, R., Plaut, H., Runge, I., Anwendungen der mathematischen Statistik auf Probleme der Massenfabrikation. 119 S., 24 Abb. J. Springer, Berlin 1927.
6 Benett, J. G., Journ. of the Inst. of Fuel, Bd. 10 (1936) S. 22.
7 Berl, Herbert, Wahlig, Nomographische Tafeln für die Industrie. Springer-Verlag, Berlin 1930.
8 Bieberbach, L., Über Nomographie. Naturwissenschaften 10 (1922) S. 775.
9 Bieberbach, L., Die mathematischen Grundlagen der Nomographie. VDI-Zeitschr. 1924 S. 495.
10 Blenk, H., Nomogramme für die Gleichung. 4. Grades mit reellen oder komplexen Wurzeln. ZaMM 29 (1949) S. 58 bis 61.

11 Brillouin, L., Notions élementaires de Mathématiques. Masson et Cie. Paris 1947.
12 Brown, G. P. and DiNardo, The Flow of Gases in Pipes at low Pressures, Journ. Appl. Physics Vol. 17 No. 10 (1946) Oct.
13 Brownlee, K. A. Industrial Experimentation. London 1948.
14 Belgrano, J. C., Lopez Nieto, J. M. Urcelay, Leitfaden der Nomographie. 388 S., Madrid 1953 (Spanisch).

C

1 Christensen, B., Elektrotekniske Nomogrammer. Ingenior-Sammenslutningen Kobenhavn 1942, 16 Tafeln.
2 Courant, R., Vorlesungen über Differential- und Integralrechnung. Bd. I. Berlin 1927.

D

1 Daeves, K., Rationalisierung durch Großzahlforschung. Stahleisen, Düsseldorf 1952.
2 Davis, D. S., Empirical Equations and Nomography. 200 S., 70 Abb. Mc. Graw-Hill Book Comp. Inc. New York-London 1943.
3 Davis, D. S., Nomography and Empirical Equations. Reinhold Publishing Corporation, New York 1955.
4 Davis, D. S., Chemical Engineering Nomographs. 312 S., 201 Abb. McGraw-Hill Book Comp. Inc. New York-London 1944.
5 Diercks, H., Euler, H., Praktische Nomographie. Stahleisen-Verlag 74 S., 27 Abb. Düsseldorf 1939.
6 Dobbeler, C. v., Grundlagen der Nomographie, Maschinenbau 1923 Heft 4/5.
7 Doehlemann, K., Sammlung Schubert XXVII, Geometrische Transformationen, Teil I Leipzig 1902.
8 Doerfling, R., Mathematik für Ingenieure und Techniker. R. Oldenbourg, München-Berlin 1942.
9 Dörrie, H., Triumph der Mathematik, Breslau 1933.

E

1 Edelmann, H., Aus der Praxis des Rechenschiebers. ETZ 61 (1940) S. 1015—1016.
2 Egeltun, O., Nomogram för kugg- och kedjehjulsberäkningar. Norrköping 1951, 9 Diagr.
3 Ellinger, J. H., Nomograms in the Design of Heat Transfer Equipment. The Industriel Chemist, Vol. 26 (1950), London, Nr. 300 S. 1—12, Nr. 302 S. 99—108.

4 Ersatzfunktionen. Sonderbericht. AWF-Mitteilungen 20 (1938) S. 58—65.
5 Exponentialtafel zum Ermitteln der Enderwärmung. ETZ 65 (1944) S. 269—270.
6 Ehrenberg, W., Physikal. Verhandl. Anwendung der verbesserten Summenhäufigkeitslinie auf die Qualitätsprüfung in der Elektroindustrie 7 (1956) Heft 6 S. 21.
7 Ehrenberg, W., Zur statistisch-graphischen Auswertung von Analysenkontrollproben. I. und II. Teil. Erzmetall (1956) Heft 11 S. 532/34, (1957) Heft 2 S. 61/64 u. Z. f. angew. Phys. 1957 S. 147—151.

F

1 Fischer, A., Über ein neues allgemeines Verfahren zum Entwerfen von graphischen Rechentafeln (Nomogrammen), insbesondere von Fluchtlinientafeln. I. bis IV. ZaMM 7 (1927) S. 211, 383, 8 (1928) S. 309, 9 (1929) S. 402.
2 Fischer, Joh., Bestimmung von Sichtweiten. AWF-Mittlgn. 20 (1938) S. 62.
3 Fischer, Joh., Die Logarithmen der Zahlen 2, 3 und 7 genügen. AWF-Mittlgn. 21 (1939) S. 94.
4 Fischer, Joh. Entwerfen von Nomogrammen in projektiv verzerrten Netzen. AWF-Mittlgn. 23 (1941) S. 20—22.
5 Fischer, Joh., Beitrag zur nomographischen Systematik. AWF-Mittlgn. 25 (1943) S. 6—8.
6 Fischer, Joh., Bestimmung eines Funktionsverlaufes durch nomographische Rechnung. Z. angew. Math. u. Mech. 29 (1949) S. 55/56.
7 Fischer, Joh., Über projektive Papiere. ZaMM 52 (1952) S. 309 bis 311.
8 Fischer, Joh., Ein Nomogramm erleichtert die Bestimmung eines Funktionsverlaufes. Z. angew. Math. u. Mech. 31 (1951) S. 54—56.
9 Fischer, Joh., Liebscher, U., Die Bestimmung des Fadenzuges beim Topfspinnen als praktisches Beispiel der Anwendung der Nomographie. Faserforschung und Textiltechnik 4 (1953) Heft 8, S. 347—350.
10 Fischer, Joh., Liebscher, U., Statistische Sonderrechenschieber. Faserforschung u. Textiltechnik 5 (1954) Heft 6, S. 256—257.
11 Fischer, Joh., Nomogramm zur Bestimmung des nichtlinearen Maßstabes auf angewandten Karten. Acta Hydrophysica Bd. II (1954) S. 152—157.

12 Fischer, Joh., Über nomographische Verfahren in der Hydrographie, Teil I. Acta Hydrophysica I (1953/54), Berlin.
13 Fischer, Joh., Über eine „nicht nomographierbare" Funktion. Acta Hydrophysica Bd. II (1954) S. 5—9.
14 Fischer, J., Liebscher, U., Nomographische Methoden bei der Qualitätskontrolle. Textil- u. Faserstofftechnik 4 (1954) Heft 10, S. 577—580.
15 Fischer, Joh., Sonderrechenschieber zur Bestimmung des Schafwoll- und Baumwollanteils bei Wollgemischen. Faserforschung und Textiltechnik 7 (1956) Heft 5.
16 Fisher, Sir R. A., Statistical Methods for Research Workers. Oliver & Boyd, London 1954.
17 Flammersfeld, A., Das verbesserte Rechenschiebersystem „Darmstadt". Naturwissenschaften 32 (1944) S. 290.
18 Franke, E., Die Anwendung des auf dem Gesetz der großen Zahlen beruhenden statistischen Auswertungsverfahrens als Forschungsmethode auf technischem Gebiet. Meßtechnik 16 (1940) S. 113—116.
19 Freund, H., Die Vorkalkulation von Arbeitszeiten für spanabhebende Bearbeitung, Sammlung Göschen Bd. 1001.
20 Fricke, H. W., Der Rechenschieber. Leipzig 1952.
21 Fuchs, Jos., Der „Pythagoras" auf dem lg.-Rechenstab. AWF-Mittlgn. 23 (1941) S. 73—74.
22 Fürle, H., Zur Theorie der Rechenschieber. Wissenschaftl. Beilage zum Jahresbericht der 9. Realschule. R. Gaerthners Verlagsbuchhandlung. Berlin 1899.
23 Fürle, H., Rechenblätter. Berlin 1902. Wissenschaftl. Beilage zum Jahresbericht der 9. Realschule. R. Gaerthners Verlagsbuchhandlung.

G

1 Gabel, Ir. A., Nomographische Lösungen von Kurs- und Rentabilitätsaufgaben. 100 S., 27 Fig. N. V. Noord-Hollandsche Uitgeversmaatsch. Amsterdam 1935.
2 Gebelein, H., Zahl und Wirklichkeit. Quelle und Meyer. Leipzig 1943.
3 Glagolew, N. A., Theoretischer Lehrgang der Nomographie. ONTI, Moskau-Leningrad 1936.
4 Glagolew, N. A., Lehrbuch der Nomographie. Moskau-Leningrad 1940 (reichhaltiges Literaturverzeichnis).
5 Goodwin, H. M., Elements of the Precision of Measurements and Graphical Methods. New York 1920.
6 Graf, U., Darstellende Geometrie. Leipzig 1944.

7 Graf, U., Henning, H. J., Statistische Methoden bei textilen Untersuchungen. Berlin 1952.
8 Grosse, W., Graphische Papiere und ihre vielseitige Anwendung. Schleicher und Schüll. Düren 1917.
9 Grüss, G., Differential- und Integralrechnung, Leipzig 1949.
10 Geiger, R., Das Klima der bodennahen Luftschichten. Braunschweig 1942.

H

1 Hammer, Dr. E., Der logarithmische Rechenschieber und sein Gebrauch. Wittwer, Stuttgart 1918.
2 Happach, V., Technisches Rechnen II. Werkstattbücher Heft 90, 56 S., 141 Abb. J. Springer-Verlag. Berlin 1943.
3 Harbou, E. v., Der „Prismenderivator" und der „Differentio-Integraph". Z. f. angew. Mathem. u. Mech. 10 (1930).
4 Harris, Ch. O., Slide Rule Simplified. American Technical Society, Chicago 1944.
5 Hartmuth, M., Vom Abakus zum Rechenschieber. Boysen u. Maasch, Hamburg 1943.
6 Heffter, L., Grundlagen und analytischer Aufbau der Geometrie. Leipzig 1950.
7 Heinrich, Helmut, Ein abbildungsgeometrisches Verfahren zur Darstellung von Richtungsfeldern und zur Erzeugung von Tangentenverwandtschaften. Deutsche Mathematik 3 (1938). S. Hirzel, Leipzig.
8 Heß, A., Analytische Geometrie. J. Springer, Berlin 1948.
9 Hölldobler, Berechnung der Hypotenuse aus den Katheten mit dem Rechenschieber. Allgem. Vermessungs-Nachrichten 39 (1927) S. 174.
10 Hort-Thoma, Die Differentialgleichungen der Technik und Physik. 6. Aufl. Leipzig 1954.
11 Hugershoff, R., Ausgleichrechnung, Kollektivmaßlehre und Korrelationsrechnung. Sammlung Wichmann, Band 10, 1948. Berlin u. Bad Liebenwerda.
12 Hazen, Allen, Transact. of the Americ. Soc. of Civ. Engineers 77 (1914) S. 1539—1640.

J

1 James, G. E., Levi, Projektive Umbildung von Nomogrammen. Uspechi matematitscheskich nauk. Bd. 7, Nr. 4, S. 147—152.
2 Johnson, Lee H., Nomography and Empirical Equations. New York 1952.

K

1 Kießler, F., Angewandte Nomographie, Teil I und II. 314 S., 218 Abb. Girardet, Essen 1952.
2 Kießler, F., Nomographisches Rechnen, Girardet, Essen 1956.
3 Klingelhöffer, A. Walther, Bemerkungen zum Röhrendreieck, TelefunkenZeitung 12 (1931) Nr. 59.
4 Kneschke, A., Betrachtungen am Körnungsnetz von Rosin und Rammler. „Bergakademie“ 6 (1954) Heft 12, S. 535—541.
5 Knobloch, H., Über eine Verzerrungsfunktion in der Nomographie. Z. f. angew. Mathem. u. Mech. Bd. 21 (1941) S. 103—107.
6 Koller, S., Graphische Tafeln zur Beurteilung statistischer Zahlen. Th. Steinkopf, Dresden-Leipzig 1943, 2. Aufl.
7 Kommerell, K., Vorlesungen über analytische Geometrie der Ebene, Leipzig 1949.
8 Koning, C., Nomogrammen voor het bepalen van de wortels van vierde-graads-vergelijkingen. 7 Abb. De Ingenieur 46 (1931) Nr. 39, S. A 394—403.
9 Konorski, B. M., Grundlagen der Nomographie. 86 S., 72 Abb. J. Springer, Berlin 1923.
10 Konorski, B. M., Hilfsbuch f. Betriebsberechnungen. 59 Nomogramme und Kurventafeln. J. Springer, Berlin 1930.
11 Kraitchik, M., Alignment Charts, Construction and Use. D. v. Nostrand Co. Inc. New York 1944.
12 Kron, A. W., Neuere Entwicklung der Rechenschieber. Die Meßtechnik 18 (1942) S. 131—134.
13 Küttner, L., Die Grenze zwischen Großzahlforschung und Stichprobenforschung. Hansa 1944, Nr. 11/12.
14 Küttner, L., Über Stichprobenforschung in der Versuchsstatistik. Metallwirtschaft 23 (1944) S. 228—233.
15 Küttner, L., Wahrscheinlichkeitsrechnung in Technik und Wirtschaft. Die Technik, Bd. 3, Nr. 2, S. 83—86.
16 Kuroscha, A. G., Markuschewitsch, A. H. und Raschewskogo, P. K., Dreißig Jahre Mathematik in den UdSSR, 1917 bis 1947. Techn.-Theoret. Literatur, Moskau-Leningrad 1948.
17 Kuusinen, J., Vorausberechnung des mittleren Höchstwertes einer regellos zusammengesetzten Belastung. ETZ 58 (1937) S. 799.
18 Knudsen, M., Ann. d. Phys. 28 (1908) S. 75, 999.
19 Kretschmer, W., Einige besondere nomographische Verfahren und ihre Anwendung auf technische Formeln. Diss. Berlin 1924.

20 Körwien, Dr. H., Graphisches Rechnen. Leipzig 1949.

L

1 Lacmann, O., Die Herstellung gezeichneter Rechentafeln. J. Springer, Berlin 1923.
2 Leigh-Dugmore, C. H., Simplified Particle-size Calculations. (Inhalt: Anwendung logarithmischer Wahrscheinlichkeitspapiere.) Nature, Vol 174, Nr. 4429 (1954), S. 567.
3 Liesche, O., Chemische Nomogramme. Verlag Chemie 1929, Berlin W 10.
4 Lietzmann, W., Elementare Kegelschnittlehre. Bonn 1949.
5 Locher, L., Ernst, Differential- und Integralrechnung. Basel 1948.
6 Lo-Ho, Construction of alignment nomogram from empirical data. Journ. Franklin Inst. Vol. 245 (3) March 1948, S. 227—244.
7 Lorenz, P., Anschauungsunterricht in mathematischer Statistik. S. Hirzel Verlag, Leipzig 1955.
8 Locher, L., Ernst, Projektive Geometrie. Zürich-Leipzig 1940.
9 Luckey, P., Einführung in die Nomographie. Mathem.-Physik. Bibl. Heft 28. B. G. Teubner, Leipzig-Berlin 1925.
10 Luckey, P., Zur Geschichte der Nomographie. Zeitschrift f. mathem. u. naturwiss. Unterricht 58 (1927) S. 455—465.
11 Luckey, P., Nomographie. Mathem.-Physikal. Bibliothek Heft 59/60. B. G. Teubner, Leipzig-Berlin 1949.
12 Luckey, P., Die Verstreckung und die nomographische Ordnung. Z. f. angew. Math. u. Mech. 1924, S. 61—80

M

1 Mackey, C. O., Graphical Solutions, New York 1936.
2 Mangoldt-Knopp, Einführung in die Höhere Mathematik, Bd. II. Leipzig 1951.
3 Martin, R., Cours de Nomographie. Eyrolles, Paris 1955.
4 Masson, H., Le calcul graphique à l'usage des ingénieurs. Eyrolles, Paris 1952.
5 Mayer, M., Nomographie des Bauingenieurs. Sammlung Göschen 959.
6 Mayer-Sidd, E., Technisches Rechnen und seine Hilfsmittel. Union Deutsche Verlagsges. Roth u. Co., Berlin 1940.
7 Meerwarth, R., Leitfaden der Statistik. Bibl. Inst. Leipzig 1939.
8 Mehmke, R., Numerisches Rechnen. Enzyklopädie d. mathem. Wissenschaften, Bd. 1 F. Teubner, Leipzig 1902.
9 Mehmke, R., Leitfaden zum graphischen Rechnen. Sammlung mathem.-physik. Lehrbücher Nr. 19. Leipzig 1917.

10 Mehnert, K., Die Bedeutung der Exponentialfunktion und ihre Umkehrung in Technik und Physik. Verfahrenstechnik. Beiheft VDI, Nr. 3, S. 66—70.

11 Merkel, H., Karlsruhe, AVZ Mathem.-Naturwiss. Blätter 23 (1928) S. 16—20.

12 Meyer zur Capellen, W., Fluchtlinientafeln und Rechengetriebe. Z. f. Instrumentenkde. 58 (1938) S. 221.

13 Meyer zur Capellen, W., Mathematische Instrumente. (Über 350 Literaturhinweise.) Akad. Verlagsges. Leipzig 1949.

14 Meyer zur Capellen, W., Leitfaden der Nomographie. Springer-Verlag, Berlin-Göttingen 1953.

15 Mitscherlich, E., Die Ertragsgesetze. Akademie-Verlag, Berlin 1956.

16 Mosebach, R., Auswertung und Darstellung von Kornanalysen und Anwendung ihrer Ergebnisse auf geologische Fragen. Geologie 3 (1954) Heft 4, S. 413—440.

17 Müller, A., Nomographie für die technische Praxis. Fachbuchverlag, Leipzig 1952.

18 Martin, H., Der Vertrauensbereich des Variationskoeffizienten, eine wichtige Größe bei statistischen Rechnungen. Faserforschung u. Textiltechnik 7 (1956) Heft 9, S. 413—417.

N

1 Nelting, R., Der Nautisch-Astronomische und Universal-Rechenstab. Selbstverlag, Hamburg 1909.

2 Nernst-Schönfließ, Mathematische Behandlung der Naturwissenschaften. München 1931.

3 Neuendorff, R., Praktische Mathematik. Aus Natur und Geisteswelt, Nr. 341. Leipzig 1917, 2. Aufl.

4 Newski, B. A., Praktikum der Nomogrammkonstruktionen. Berlin 1955, Akademie-Verlag.

5 Nottrot, J. C. G., Leerboek der Nomografie. 96 Fig., 128 Aufg., 271 S. Noordhoff, Groningen 1930.

6 Nyström, E. J., Über die Anwendung logarithmischer Maßstäbe, insbesondere bei graphischer Integration. Helsinki 1929.

7 Nyström, E. J., Über die Anwendung nomographischer Methoden in der sphärischen Trigonometrie. Helsingfors 1931.

8 Nyström, E. J., Praktische Auswertung von elliptischen Integralen dritter Gattung. Helsingfors 1935.

9 Nyström, E. J., Nomogramme zur Konstruktion von Kettenlinien. Helsingfors 1937.

10 Nyström, E. J., Graafinen Esitys ja Nomografia. 106 S., 81 Abb. Helsingissä 1942.

O

1 d'Ocagne, M., Coordonnies parallèles et axiales. Paris 1885.
2 d'Ocagne, M., Calcul graphique et Nomographie. Paris 1914.
3 d'Ocagne, M., Traité de Nomographie. 2. Aufl. Gauthiers-Villars et Cie., Paris 1921.

P

1 Pearson, E. S., The application of Statistical Methods to Industrial Standardisation and quality control. British Standard 600, 1935.
2 Pentkowski, M. W., Nomographie (Deutsche Ausgabe). Akademie-Verlag, Berlin 1953.
3 Perry, J., Praktische Mathematik. Deutsche Ausgabe von Lente. Wien 1903.
4 Pesci, G., Lezioni di calcolo numerico, grafico e mecanico. 5. Aufl. Livorno 1934.
5 Peter, H., Einführung in die Statistik. Kohlhammerverlag, Stuttgart 1946.
6 Pirani, M., Über ein einfaches graphisches Verfahren zur Auffindung der Gleichung einer gegebenen Kurve. Z. f. Vermessungswesen, Heft 6, 1917, S. 137—146.
7 Pirani, M., McKee, J. H., The Strength of Sintered Powder Artefacts. Trans. Soc. of Glass Technology. 1947, Vol. 31, S. 270—273.
8 Pirani, M., Plaut H., Veranschaulichung statistischer Gesetze am Galtonschen Brett. (Ein Beitrag zu den Grundlagen der technischen Großzahlforschung.) Unterrichtsblätter f. Mathem. u. Naturwiss. 35 (1929) S. 169—179.
9 Pirani, M., Plaut, H., Zufall und Gesetz bei Massenerscheinungen. (Fabrikationskontrolle auf Grund statistischer Methoden.) VDI-Verlag, Berlin 1930.
10 Pirani, M., Sandor, Diffusion of Carbon into Tungsten. Journ. of the Institute of Metals. Vol. 73, Part 6, 1946/47.
11 Plaut, H., Über einige die Grundbegriffe der Statistik betreffende Vorurteile. Unterrichtsblätter f. Mathem. u. Naturwiss. 37 (1931) S. 106—109.
12 Pöschl, Th., Über die Anlage von Fluchtlinientafeln. ZaMM 20 (1940) S. 59.
13 Prölß, O., Graphisches Rechnen. Aus Natur und Geisteswelt Nr. 708, Leipzig 1920.
14 Prüfer, H., Projektive Geometrie. Leipzig 1939.
15 Pfulg, M., Nomographie in der Versicherung. (Diss. Basel 1953.) (65 lit. Zitate.)

R

1 Rammler, E., Glöckner, E., Neuerungen in der Auswertung von Körnungsanalysen im Körnungsnetz nach Rosin-Rammler-Bennett. Die Technik 7 (1952) Heft 9, S. 555—557. 24 Lit.-Hinweise.

2 Rammler, E., Zur Auswertung von Körnungsanalysen in Körnungsnetzen. „Bergakademie", Bergbau 4 (1952) Heft 11, Ausg. A, S. 12—22, Freiberger Forschungshefte.

3 Rammler, E., Zu den Gesetzmäßigkeiten in der Kornverteilung zerkleinerter Stoffe. Forschungen und Fortschritte 30 (1956) Heft 1, S. 1—9. 59 Lit.-Hinweise.

4 Reye, Th., Geometrie der Lage. Hannover 1866.

5 Reynal, C., Federn und ihre schnelle Berechnung. Otto Spamer, Leipzig 1929.

6 Richardson, C. H., An Introduction to Statistical Analysis. Pasadene USA.

7 Richter, W., Eine graphische Lösung des Wasserschloßproblems mit nomographischen Hilfsmitteln. Ingenieur-Archiv Bd. VIII (1937) Heft 1, S. 1—3.

8 Richter, W., Anwendung des erweiterten Satzes von Menelaos in der Nomographie. ZaMM, Bd. 19 (1939) Heft 4.

9 Richter, W., Bestimmung der Spiegelbewegungen in einem Wasserschloß mittels nomographischer Hilfsmittel. Ingenieur-Archiv Bd. XI (1940) Heft 6, S. 437—450.

10 Richter, W., Graphische Lösung von gewöhnlichen Differentialgleichungen mit nomographischen Hilfsmitteln. ZaMM, Bd. 32 (1952) Heft 4/5, S. 120—129.

11 Richter, W., Koordinatentransformationen eines Fluchtliniennomogramms und Anwendungen auf die graphische Lösung von Differentialgleichungen. Österreichisches Ingenieu-Archiv, Bd. VIII (1954) Heft 1, S. 39—47.

12 Riebesell, P., Wie unterrichtet man Wahrscheinlichkeitsrechnung und mathematische Statistik? Unterrichtsblätter f. Mathem. u. Naturwiss. 32 (1926) S. 141—148.

13 Riebesell, P., Wirtschaft und Mathematik. Unterrichtsbl. f. Mathem. u. Naturwiss. 43 (1937) S. 225—233.

14 Riebesell, P., Mathematische Statistik und Biometrik. Ma-Na-Te-Bücherei, Bd. 28. O. Salle, 1944.

15 Rietz-Baur, Handbuch der mathematischen Statistik. B. G. Teubner, Leipzig-Berlin 1930.

16 Rohrberg, A., Theorie und Praxis des logarithmischen Rechenstabes. Teubner, Leipzig 1950.

17a Rosin, P., Rammler, E., Kolloid-Zeitschrift 1934.
17b Rosin, P. Rammler, E., The laws governing the finess of powdered coal. J. Inst. Fuel 7 (1933) S. 29—36.
18 Runge, C., Praxis der Gleichungen. Göschens Lehrbücherei I. Gruppe Bd. 2. W. de Gruyter, Leipzig-Berlin 1921.
19 Runge, C., Graphische Methoden. B. G. Teubner, Leipzig 1928.
20 Runge, I., Fluchtlinientafel zur Stückzahlermittlung auf Grund einer kleinen Vorprobe. Techn.-wiss. Abhandlungen a. d. Osram-Konzern, Bd. 4, 1936, S. 151.
21 Runge, I., Die Beurteilung von Ausschußprozentsätzen nach Stichproben. Z. f. techn. Physik 1936, S. 134 ff.
22 Running, T. R., Graphical solutions. Ann. Arbor. Mich. 1937.
23 Rybner, J., Nomograms. General Electric Review 33 (1930) S. 164.
24 Runge, C., u. H. König, Numerisches Rechnen. Bd. XI der Grundlehren der mathem. Wissensch., Berlin 1924.

S

1 Sanden, H. v., Praktische Analysis. Leipzig 1923.
2 Soreau, R., Contributions à la théorie et aux applications de la nomographie. Paris 1901.
3 Soreau, R., Nouveaux types d'abaques. Paris 1906.
4 Soreau, R., Nomographie ou traité des abaques. 2 vol., Paris 1921.
5 Sutor, J., Stereonomogramme. Mittlgn. d. Deutsch. Ges. f. Photogrammetrie. 1940, Heft 4.
6 Santeler, D. J. u. J. F. Norton, Graphical approach to Vacuum Engineering. Vacuum, Bd. IV April 1954 (veröffentlicht Sept. 1956) S. 176 . . . 194.

Sch

1 Scheffers, G., Lehrbuch der darstellenden Geometrie, Bd. II. Berlin 1927.
2 Scheffers, G., Lehrbuch der Mathematik. Berlin 1941.
3 Schilling, F., Über die Nomographie von d'Ocagne. B. G. Teubner, Leipzig 1922, 3. Aufl.
4 Schmid, Th., Darstellende Geometrie II. Sammlung Schubert Nr. LXVI. W. de Gruyter, Berlin-Leipzig 1923.
5 Schmidt, H., Fehlertheorie und Ausgleichsrechnung und ihre Anwendung auf betriebsmäßige Längenmessungen. Werkstattstechnik und Betriebsleiter 36 (1942) S. 505—507.
6 Schorer, H., Statistik. A. Frauke, Berlin 1946.

7 Schreiber, P., Grundzüge einer Flächennomographie. Vieweg u. Sohn, Braunschweig 1921.
8 Schreiber, Prof. Dr. P., Wärmemechanik wasserhaltiger Gasgemische. Vieweg u. Sohn, Braunschweig 1925.
9 Schroeder, R., Praktische Einführung in die Nomographie, Hanser-Verlag, München 1951.
10 Schrutka, L. v., Theorie und Praxis des logarithmischen Rechenschiebers. 3. Aufl., Wien 1943.
11 Schwarz, A., Über den Umgang mit Zahlen. R. Oldenbourg, München-Berlin 1943.
12 Schwerdt, H., Über graphische Darstellungen mit Kurvenscharen. Phys. Zeitschr. 18 (1917) S. 45—53.
13 Schwerdt, H., Über eine Auswertung von Schichtlinien mit Hilfe eines transparenten Blattes. Z. f. Vermessungswesen 48 (1919), S. 247—258.
14 Schwerdt, H., Über ein graphisches Ausgleichungsverfahren. Phys. Zeitschr. 20 (1919) S. 362—368.
15 Schwerdt, H., Über die graphische Ermittlung empirischer Gleichungen. Z. f. Vermessungswesen 49 (1920) S. 593—601 und S. 626—634.
16 Schwerdt, H., Ein einfaches Ausgleichungsverfahren für parabolische Funktionen zweiten und dritten Grades. Phys. Z. 22 (1921) S. 312—315.
17 Schwerdt, H., Lehrbuch der Nomographie. J. Springer, Berlin 1924.
18 Schwerdt, H., Das Prinzip der Gleitkurven, ein neues Darstellungsmittel. Z. f. angew. Math. u. Mech. Bd. 4 (1924) Heft 4, S. 314—323.
19 Schwerdt, H., Elementare Behandlung projektiver Verzerrungen. ETZ 47 (1926) S. 416—418.
20 Schwerdt, H., Einführung in die praktische Nomographie. O. Salle, Berlin 1927.
21 Schwerdt, H., Die Anwendung der Nomographie in der Mathematik. J. Springer, Berlin 1931.
22 Schwerdt, H., ETZ 1931 Heft 21. Bemerkungen zur Arbeit von Dr. L. Musil, Berlin: Fluchtlinientafel f. energiewirtschaftliche Untersuchungen.
23 Schwerdt, H., (zum Thema: Empir. Funktionen). AWF-Mittlgn. 14 (1932) Heft 8, S. 68.
24 Schwerdt, H., Abbildungen quadratischer Gleichungen und Funktionen. Unterrichtsblätter f. Math. u. Naturwiss. 41 (1935) S. 193—201.

25 Schwerdt, H., Ersatzfunktionen. AWF-Mittlgn. 20 (1938) Heft 4, S. 58.

26 Schindowski, E. u. O. Schürz, Anwendung statistischer Kontrollkartentechniken auf Fertigungsprozesse mit „Gang". Fertigungstechnik 6 (1956) S. 277—284.

27 Schwarz, E., Nomogramme zur Ermittlung der magnetischen Feldstärke in dünnen zylindrischen Spulen. Elektrotechnik 8 (1954) S. 83—87.

St

1 Stearns, E. J., How Chemical Engineers can use Statistics. Chem. a. Metallurgical Engineering. Vol. 53, 1946.

2 Stender, R., Die mathematische Gestaltung der modernen Rechenschieber. Der mathem. u. naturwiss. Unterricht 2 (1949) 3. Heft, S. 102—105.

3 Stender, R., Der moderne Rechenstab. O. Salle, Frankfurt a. M. 1953.

4 Stiefel, E., Lehrbuch der Darstellenden Geometrie. Mathem. Reihe VI. Basel 1947.

5 Steiner, Jacob, Systematische Entwicklung der Abhängigkeit geometrischer Gestalten voneinander. Fincke, Berlin 1832.

T

1 Thaer, C., Die Behandlung der Grundaufgaben der ebenen Trigonometrie bei Benutzung des Rechenschiebers. Z. f. mathem. u. naturwiss. Unterricht (1928) S. 157—158.

2 Timpe, A., Einführung i. d. Finanz- und Wirtschaftsmathem. J. Springer, Berlin 1934.

3 Tooren, E., Zahlenlänge, Rechenstab und Rechentafeln dritter Stufe. Der mathem. u. naturwiss. Unterricht 2 (1949) 3. Heft, S. 133—134.

U

1 Urban, F. M., Grundlagen der Wahrscheinlichkeitsrechnung und der Theorie der Beobachtungsfehler. Teubner, Leipzig-Berlin 1923.

V

1 van Veen, H. J., Inleiding tot de Nomographie. Noordhoff, Groningen-Batavia 1937.

W

1 Walther, A., Einführung in die mathematische Behandlung naturwissenschaftlicher Fragen. J. Springer, Berlin 1928.

2 Walther, A., Verwandlung von Kurventafeln in Leitertafeln. VDI-Zeitschrift Bd. 81 (1937) Nr. 39.

3 Walther, A., Dreyer, H., Schüßler, H., Ersatz von Kurventafeln durch Leitertafeln. ETZ 60 (1939).

4 Walther, A., Kron, A. W., Nomographie und Rechenschieber. FIAT-Review of German Science 1939—1946. Appl. Mathem. Part I, Chapter 3. Wiesbaden 1948.

5 Weber, E., Grundriß der biologischen Statistik f. Naturwissenschaftler und Mediziner. G. Fischer, Jena 1948. (Reichhaltiger Literaturhinweis.) 2. umgearb. Aufl. Jena 1956.

6 Weise, Herbert, Nomogramm mit geradlinigen Trägern für projektive Transformationen und seine Anwendung in der Farbmetrik. Die Farbe 3 (1954) Heft 3/4, S. 105—118, 6 Abb.

7 Werkmeister, P., Praktisches Zahlenrechnen. Sammlung Göschen Nr. 405. Berlin 1945.

8 Weickmann, L., Über aerologische Diagrammpapiere (1 Text- und 1 Tafelband). J. Springer, Berlin 1938.

9 Wigan, E. Ramsay, A Simple and Accurate Method of Deriving the Slope of a Graphed Function. Journ. of Scientific Instr. (1949) S. 162.

10 Willers, Fr. A., Das Glätten empirisch gefundener Zahlenreihen. ZaMM. 10 (1930) S. 166—181.

11 Willers, Fr. A., Graphische Integration, Sammlung Göschen Nr. 801.

12 Willers, Fr. A., Mathematische Instrumente, Sammlung Göschen Nr. 922.

13 Willers, Fr. A., Benutzung projektiver Skalen zur Unterteilung von Skalen anderer Funktionen. ZaMM 20 (1940) S. 291; 21 (1941) S. 384.

14 Willers, Fr. A., Methoden der praktischen Analysis. De Gruyter, Berlin 1950.

15 Willers, Fr. A., Mathematische Maschinen und Instrumente. Akademie-Verlag, Berlin 1951. (Mit fast 900 Literaturzitaten.)

16 Willers, Fr. A., Elementarmathematik. Th. Steinkopff, Dresden-Leipzig 1955, 6. Aufl.

17 William, E., Hilfsmittel zum Entwurf von Rechentafeln (Nomogrammen) und Rechenschiebern. Werkstattechnik u. Maschinenbau 44 (1954) Heft 4.
18 Winogradow, G. W., Krasiltschikow, A. H., Nomographischer Atlas der physikalischen Chemie. Moskau-Leningrad 1940.
19 Wolf, F., Nomograpisches Verfahren zur Bestimmung von Mittelwerten. Elektrotechnicky Obzor 1935 S. M 17—M 20 und M 24.
20 Wolf, F., Hochreuter, H., Die Nomographie als Hilfsmittel zur Berechnung elektrischer Fördermaschinen. Elektrizität im Bergbau 6 (1931) S. 28—37 und 55—58.
21 Wolff, G., Die Entwicklung der Abbildungsidee in Wissenschaft und Schule (Die Entwicklung der projektiven Geometrie bis Poncelet). Unterrichtsblätter 39 (1933) S. 296—300 und 332—340.
22 Wünsche, G., Moderne Nomographie als Grundlage rationeller Rechentechnik in der Wirtschaftspraxis. Das rationelle Büro 1 (1950).
23 Wünsche, G., Zur Rationalisierung der versicherungsmathematischen Rechentechnik. Blätter der Deutschen Gesellschaft für Versicherungs-Mathematik 1 (1951).
24 William, E., Ein Sonderrechenstab für die Zickzacknietung. AWF-Mittlgn. 15 (1933) Heft 9, S. 73—74.
25 Wald, A., Selected Papers in Statistics and Probality. McGraw-Hill, London 1955.

Z

1 Zacharias, M., Einführung in die Projektive Geometrie. Mathem.-Physik. Bibliothek Bd. 6. Leipzig 1922.
2 Zimmermann, F., Fluchtlinientafeln in der ETZ. Theorie und Anwendungen. ETZ 60 (1939) S. 585—590. (90 Literaturhinweise.)
3 Zühlke, M., Wirtschaftlich rechnen. Westermann, Berlin 1952. (Viele Literaturhinweise.)

Nachtrag

Chowanski, G. C., Nomographischer Atlas f. d. hydraulische Berechnung von Kanälen mit trapezförmigem Querschnitt nach der vollständigen Formel von N. N. Pawlowski. 1 Textbeilage (28 S.). 1 Mappe m. 25 Tafeln (Russ.). Akademie Nauk, Moskau 1954.

Chowanski, G. C. Nomographische Berechnungen in der Hydraulik. 1 Textband 116 S. 1 Mappe mit 107 Nomogrammen u. 6 Sonderrechenschiebern auf Tafeln. Akademie Nauk, Moskau 1956.

Gebelein, Hans, Beiträge zum Problem der Kornverteilungen. Chemie-Ing.-Techn. 28 (1956) Nr. 12 S. 773 ... 82.

Heinze, W., Die Nomographie, ein Hilfsmittel für den Konstrukteur. „Konstruktion" 9 (1957) Heft 1 S. 22 ... 30.

Heinze, W., Beispiele nomographischer Lösungen aus der Praxis: AWF 770: Leitertafel für die Berechnung zylindrischer Schraubenfedern aus Federstahldraht von 0,5 bis 10 mm Durchmesser. Zeitschrift für wirtschaftliche Fertigung (ZwF) 56 (1957) Heft 1 Febr. 1957 S. 87 ... 89.

Klein, Hans, Die Grundlagen moderner statistischer Auswertverfahren, mit Bezug auf die Probenahme. Archiv f. Eisenhüttenwesen 24 (1953) Heft 1/2 S. 11 ... 20.

Kozeny, Josef, Hydraulik S. 336 ... 38. Springer-Verlag Wien 1953. (Elektr. Methode zur Lösung konformer Abbildungen: Aufsuchen von Potentiallinien).

Massau, J., Ann. de l'association des ingénieurs sortis des Ecoles spéciales de Gand, 1ère série, t. 2, 1877/78, S. 13, 203.

Otto, Edward, Nomographie, 220 S. 137 Abb. Warschau 1956 (poln.).

Bezugsquellen für Nomogramme
und nomographische Hilfsmittel

1 A. W. Faber, Stein bei Nürnberg
Rechenstäbe, Funktionenschieber, Sonderrechengeräte für Statistik, Elektrotechnik, Zeichenmaßstäbe sowie Schablonen.

2 Albert Nestler, Verkaufsges., Lahr/Schwarzwald
Zeichenmaschinen, Kleinzeichenanlagen, Maßstäbe, Reduktionsmaßstäbe, Lineale, Rechenschieber und -walzen.

3 Rudolf Nestler GmbH, Reißzeugfabrik, Lahr/Schwarzwald
Präzisions- und Schulreißzeuge „NESTLER“, Kataster- und Feinstrichziehfedern, Spezialreißzeuge für Geodäsie.

4 A. Ott, Kempten in Bayern, Mathematisch-mechanisches Institut
Kompensationsplanimeter, Integraphen, Tangentenermittler, Derivimeter.

5 Reiss, Meßgeräte und Zeichengerätebau, Bad Liebenwerda
Rechenschieber, Reduktionsmaßstäbe, mathem. Geräte.

6 Schäfers Feinpapier, Plauen i. Vogtland
Funktions- und Netzpapiere, technische Spezialpapiere, Kontrollkarten, Textilpatronenpapiere.

7 Schleicher und Schüll, Einbeck bei Hannover
Funktionspapiere, technische Zeichenpapiere.

8 Dr. Seehase, Warnemünde (früher Berlin SO 36, Elsenstr.)
Sonderrechenschieber in Leichtbau-Ausführung, Blanko-Sonderrechenschieber, Technische Zeichenschablonen.

9 Wichmann, Berlin-Charlottenburg 4, Zeichengeräte, Rechenschieber, Technische Papiere, Funktionspapiere, techn. Maßstäbe, Kurvenlineale.

10 Bayerische Reißzeugfabrik A. G., Nürnberg,
Leichtmetall-Rechenschieber

Register

FSC
www.fsc.org
MIX
Papier | Fördert
gute Waldnutzung
FSC® C083411

Zeitfracht Medien GmbH
Ferdinand-Jühlke-Straße 7
99095 Erfurt, Deutschland
produktsicherheit@kolibri360.de